빛깔있는 책들 203-5

분재

글, 사진/김세원

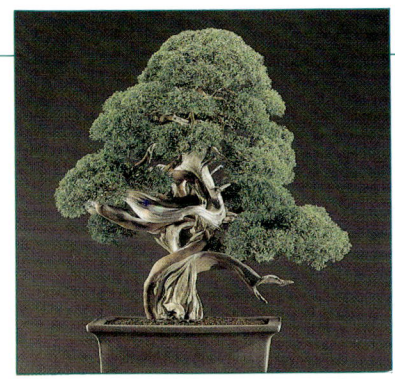

대원사

김세원 ———————————

고려대학교 농과대학원을 졸업했으며
한국 화훼협회 교육부장, 한국분재협
회 편집위원장을 역임했다.
현재 신구전문대학, 중앙대학교, 한국
일보 문화센터, 동방플라자 문화센터
강사로 출강하고 있다.
「분재가꾸기」를 냈다.

분재

사진으로 보는 분재

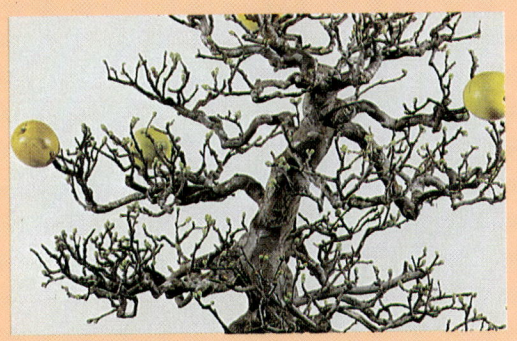

소품 분재 진열 낙상홍(왼쪽) 산야초 (오른쪽) 해송(화대 위) 뽕나무(가 운데 왼쪽) 산단풍(가운데 오른쪽) 수석(아래 왼쪽) 명자나무(아래 오 른쪽)

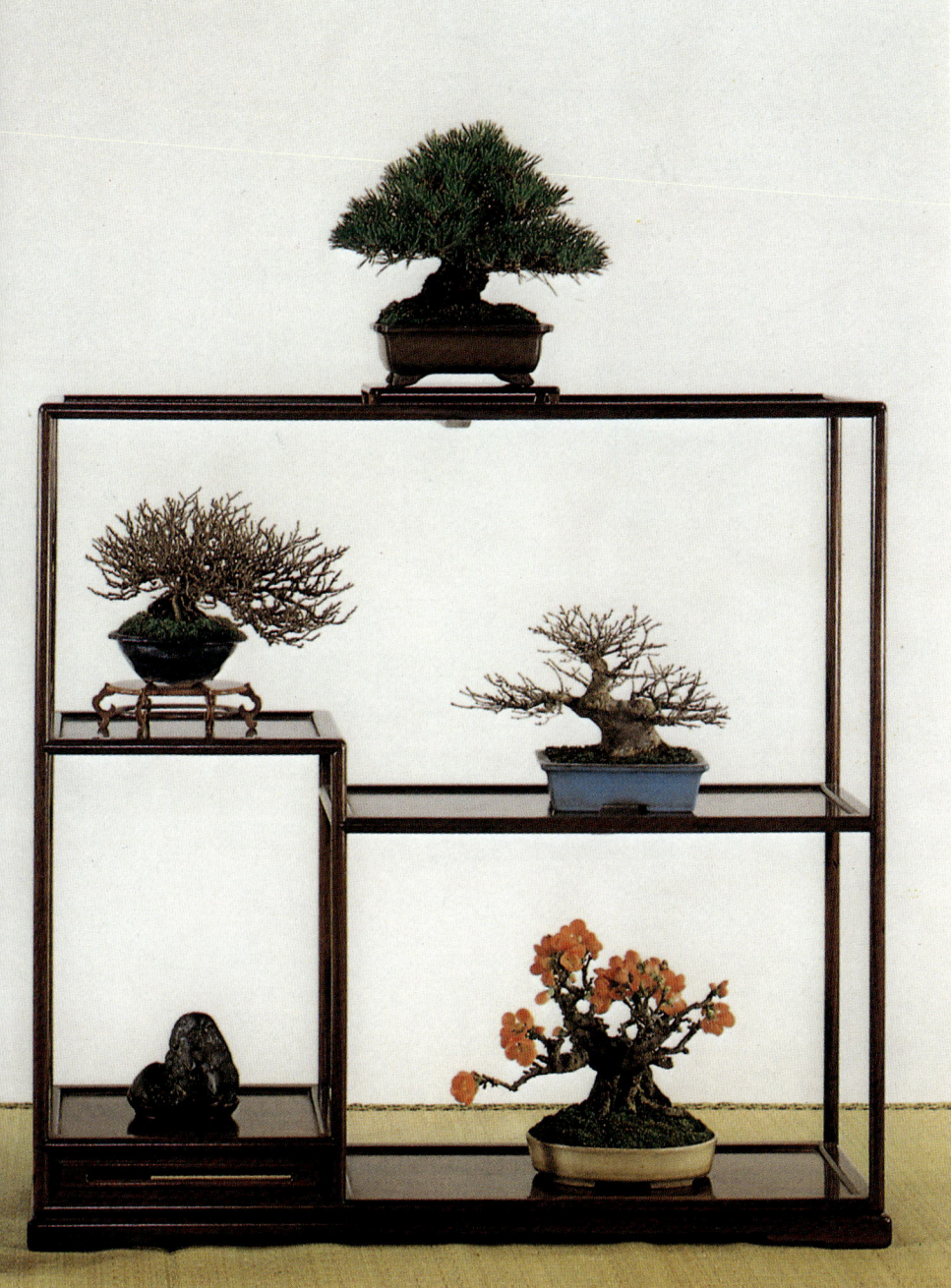

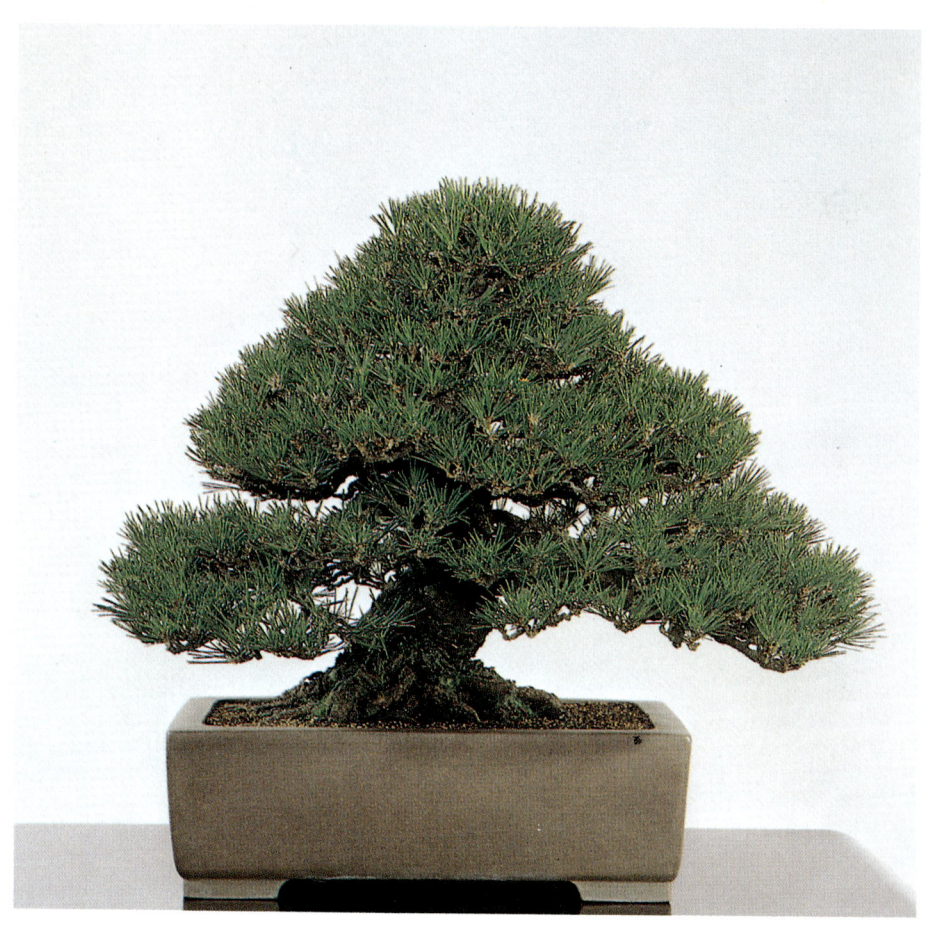

해송. 수형은 표준곡간이고 나무의 높이는 47 센티미터이다. 표준곡간으로서는 이상적인 품격과 멋이 우러나는 가지 배열을 하고 있다. 뿌리뻗음과 줄기솟음새가 볼 만하다.

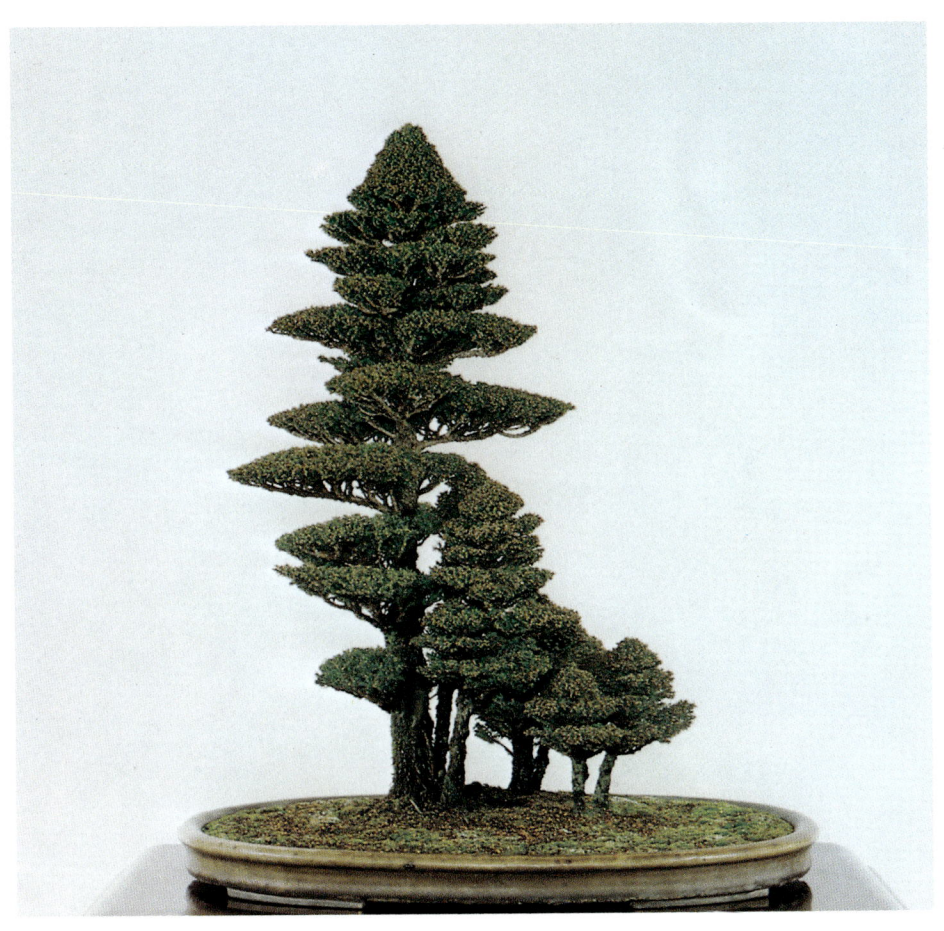

삼나무. 수형은 연근이고 나무의 높이는 76 센티미터이다. 삼나무의 독특한 개성이 잘 나
타나 있는 작품이다. 자연 상태에서 삼나무가 군생하고 있는 모습을 표현하고 있다.

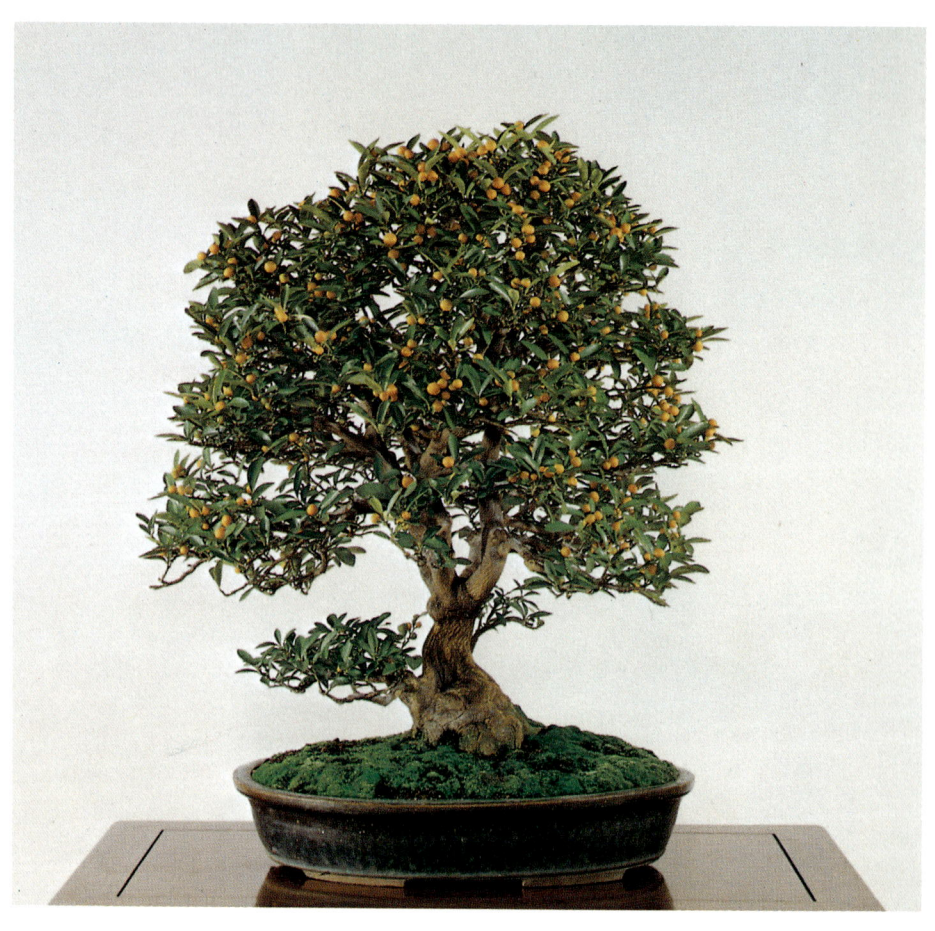

애기밀감. 수형은 곡간이고 나무의 높이는 62 센티미터이다. 줄기솟음새가 좋으며 작고 노란 열매가 푸른잎 사이사이에 매달려 있는 모습이 볼 만하다.

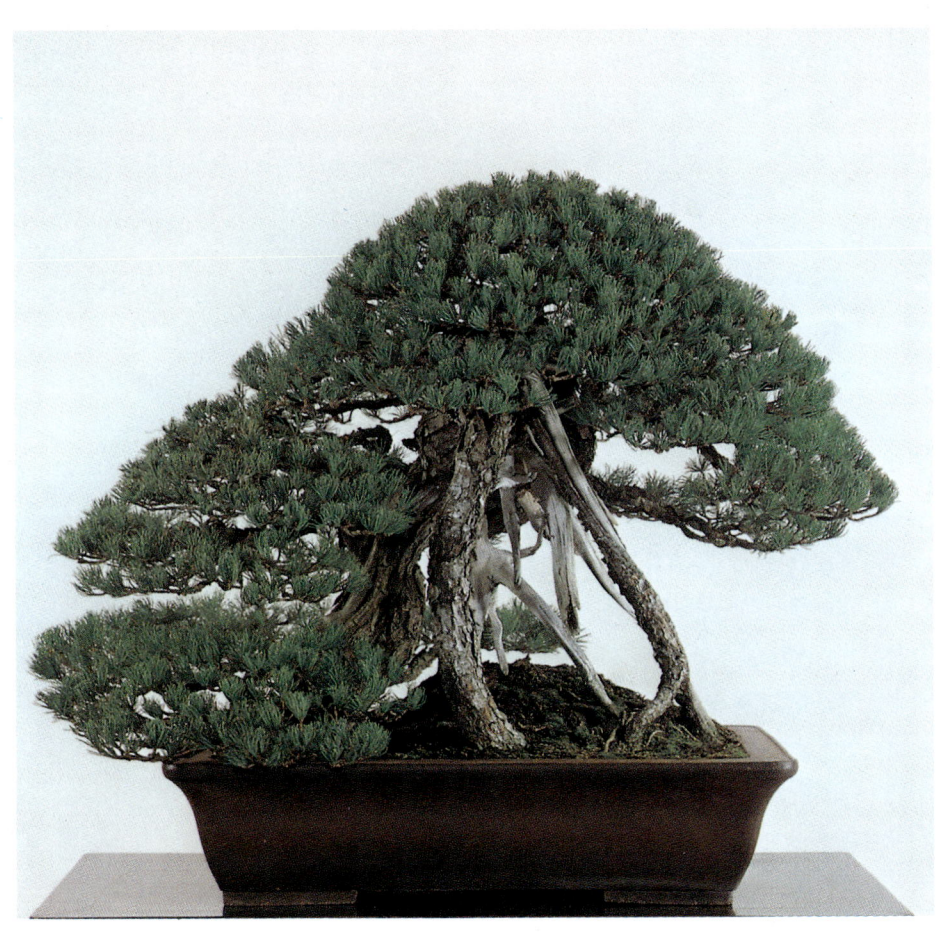

일본오엽송. 수형은 노근분재이며 나무의 높이는 60 센티미터이다. 나무 밑의 뿌리가 치솟아 줄기를 받치고. 있는 수형이 특이하다. 오랫동안 분생활을 해서 정교함이 잘 나타나 있다.

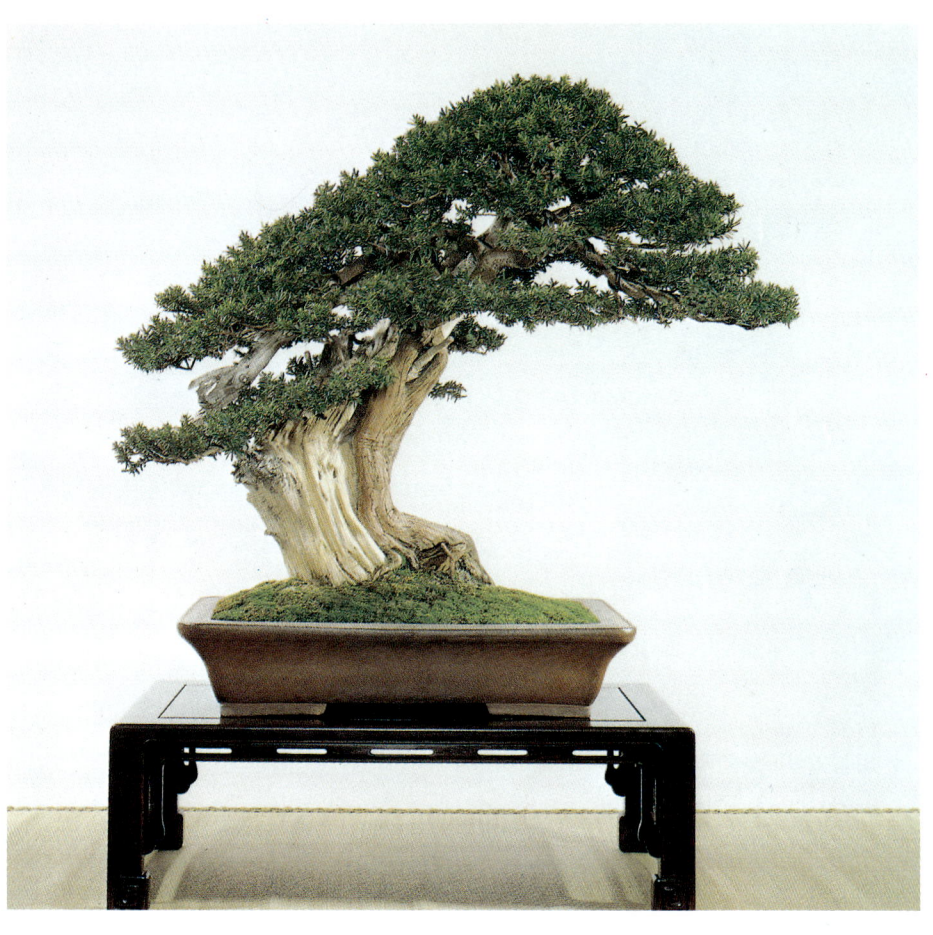

주목. 수형은 곡간이며 나무의 높이는 78 센티미터이다. 사리줄기와 주지가 웅대한 경관을 만들어 내고 있다. 오른쪽 아래의 공간은 무한한 우주로 향한 상상력을 유발시킨다.

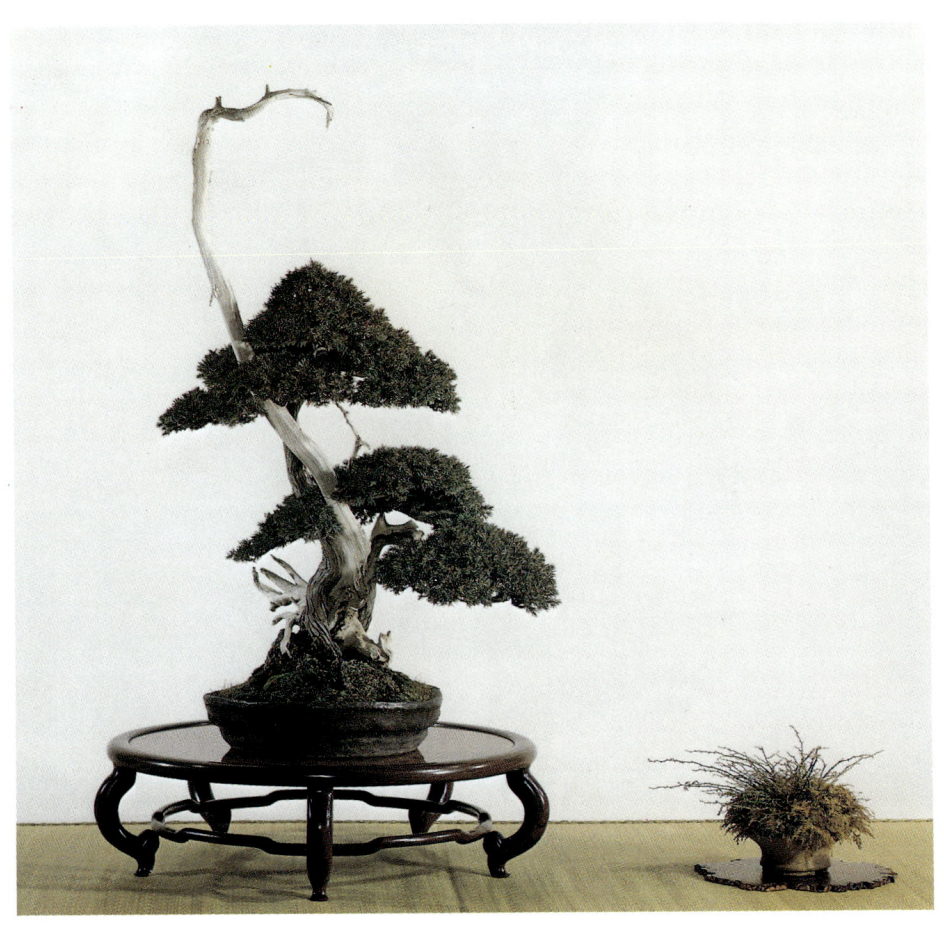

노간주나무. 수형은 쌍간이며 나무의 높이는 100 센티미터이다. 자연스러운 사리와 쌍간
의 대조가 기품이 있어 보이는 우아한 작품이다.

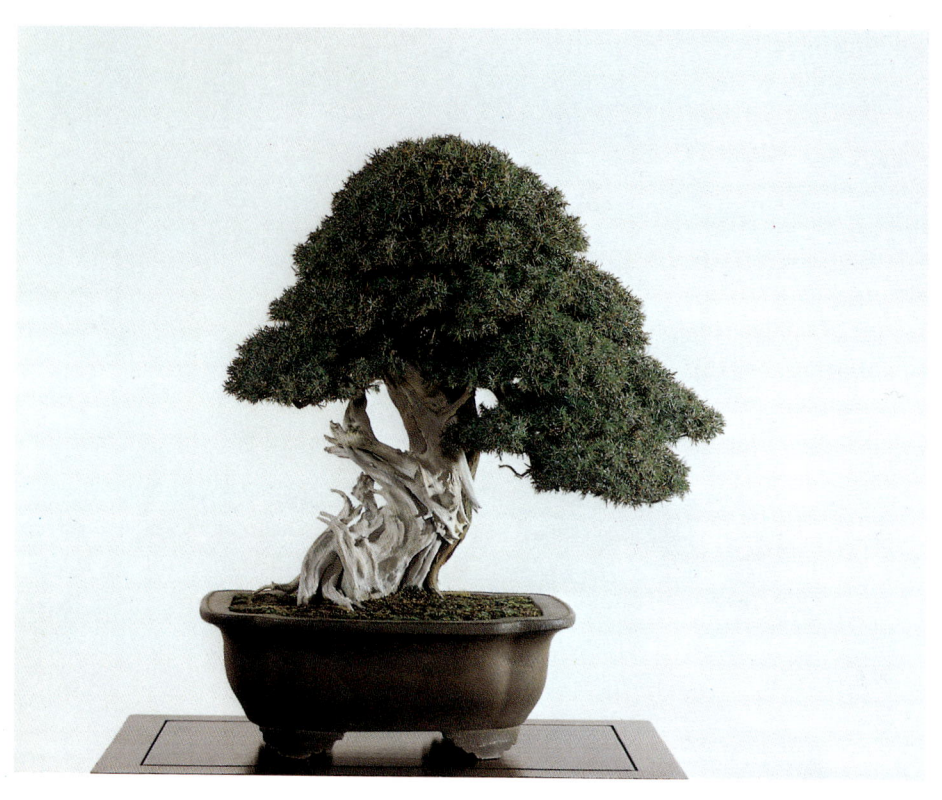

노간주나무. 수형은 곡간이며 나무의 높이는 62 센티미터이다. 노수의 박력을 갖추고 있으며 사리줄기의 예스러운 묘미가 웅대한 대수의 모습을 나타낸다.

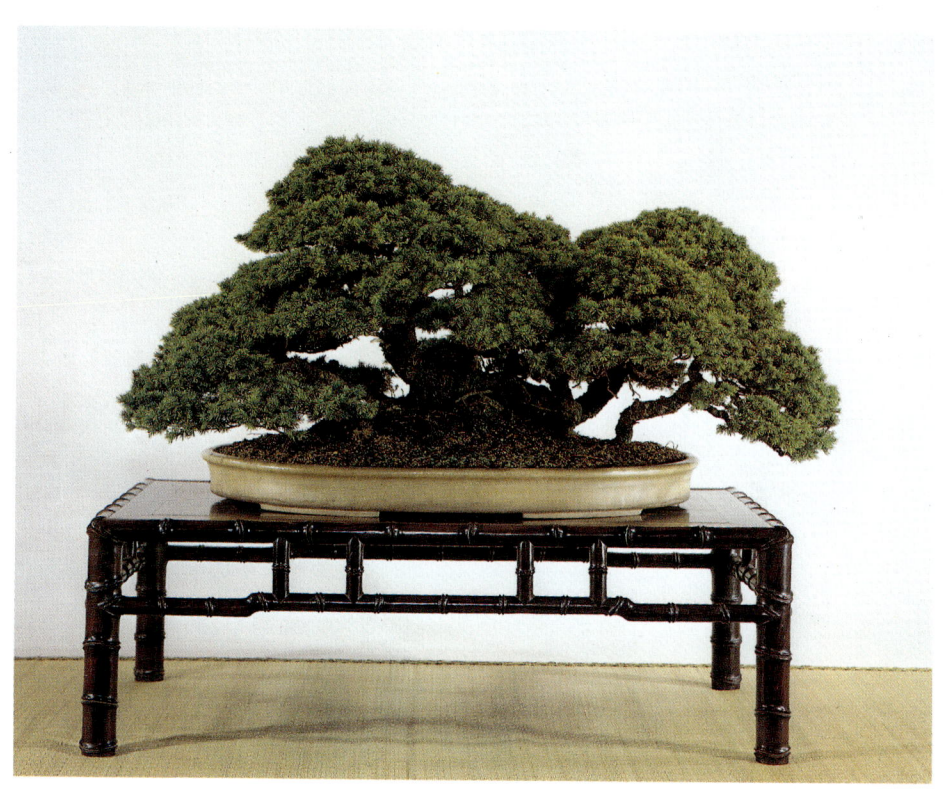

가문비나무. 수형은 연근이며 나무의 높이는 48 센티미터이다. 줄기가 여러 개이지만 서로
조화를 잘 이루고 있으며 해안의 숲을 연상시키는 작품이다.

진백. 수형은 현애이고 나무의 높이는 60 센티미터이다. 진백의 현애 작품으로서 섬세한 푸른 잎, 붉은 수피 색깔, 흰색의 사리가 잘 어우러져 있다. (왼쪽)
진백. 수형은 반간이고 나무의 높이는 106 센티미터이다. 진백의 특성인 사리와 굽틀어진 줄기가 잘 나타나 있는 작품이다. (오른쪽)

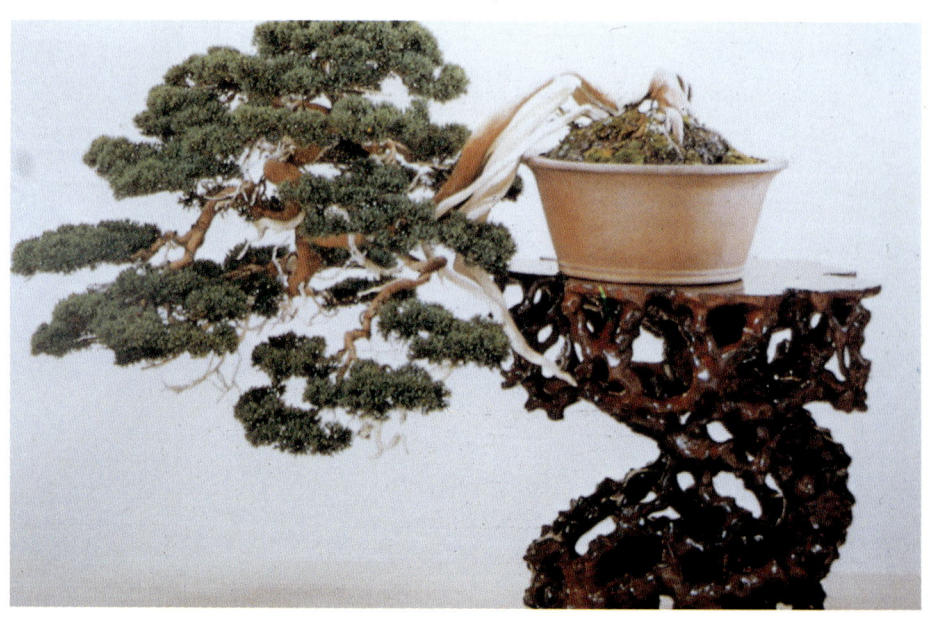

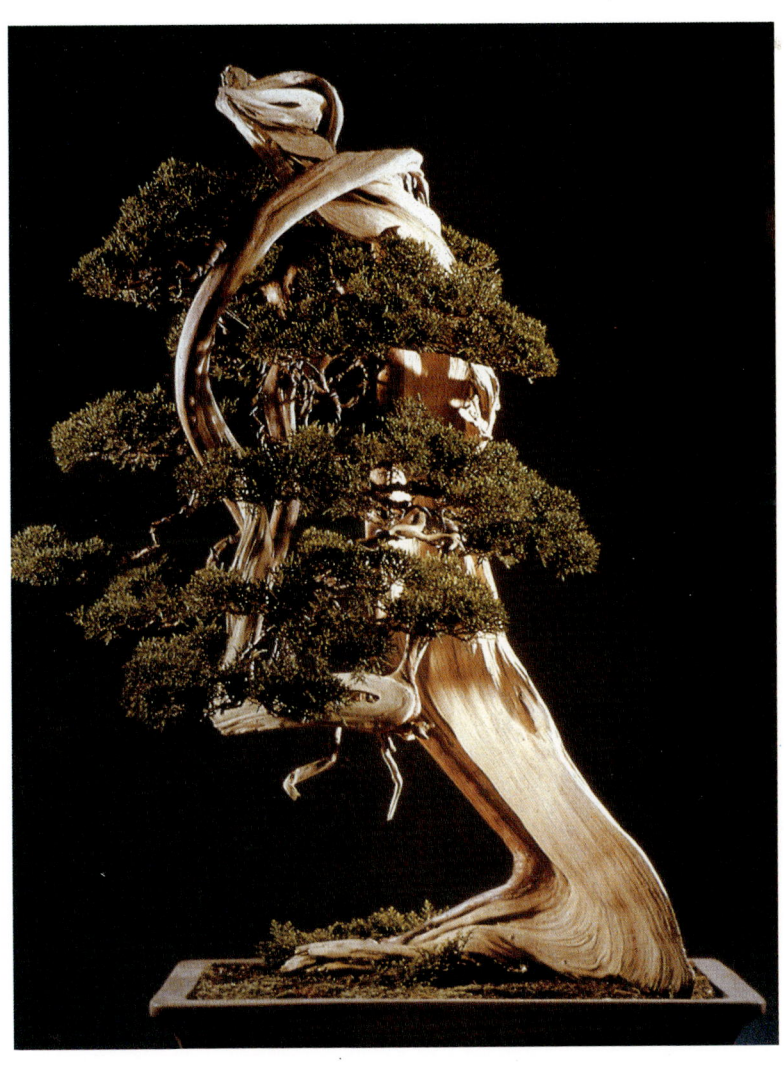

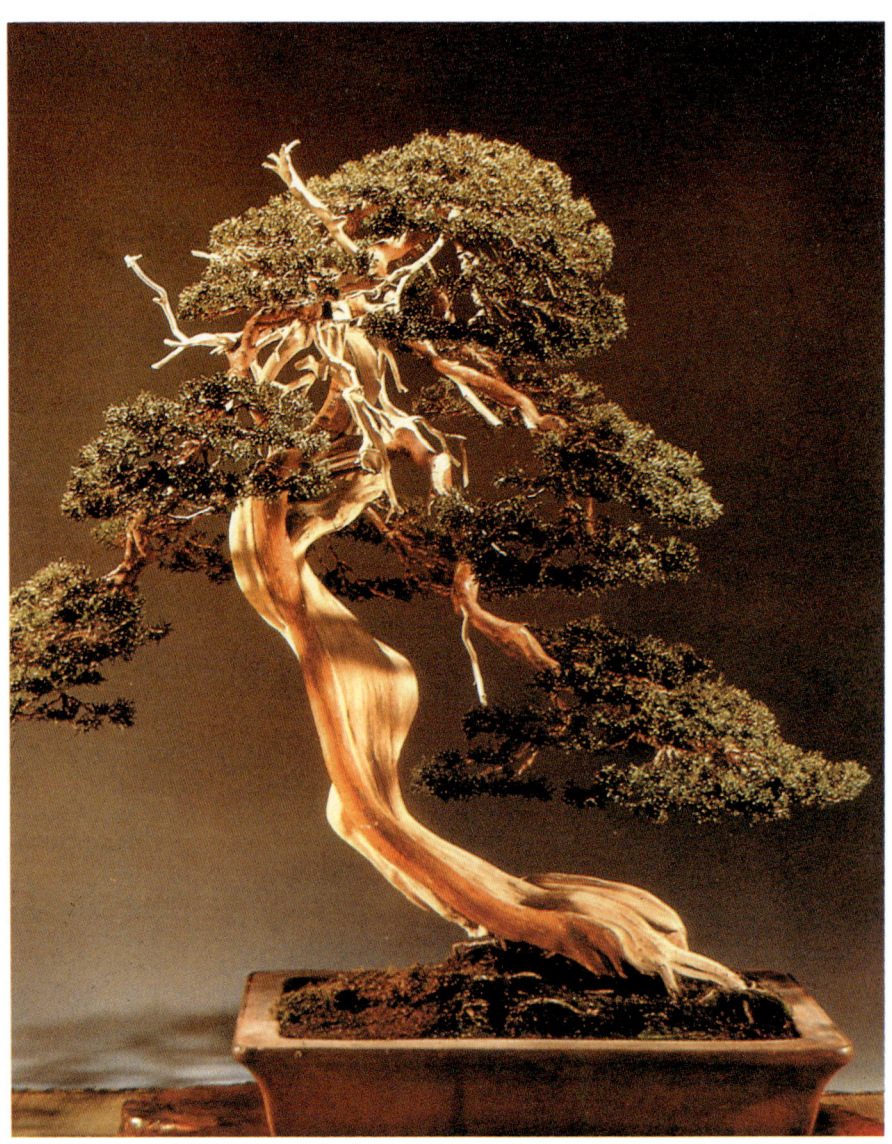

진백. 수형은 곡간이고 나무의 높이는 97 센티미터이다. 줄기선의 흐름과 사리가 아주 좋으며 가지의 배열도 잘 되어 있다. (왼쪽)
진백. 수형은 곡간이고 나무의 높이는 56 센티미터이다. 굽틀어진 사리와 붉은 수피, 녹색의 잎이 잘 어우러져 있다. (오른쪽)

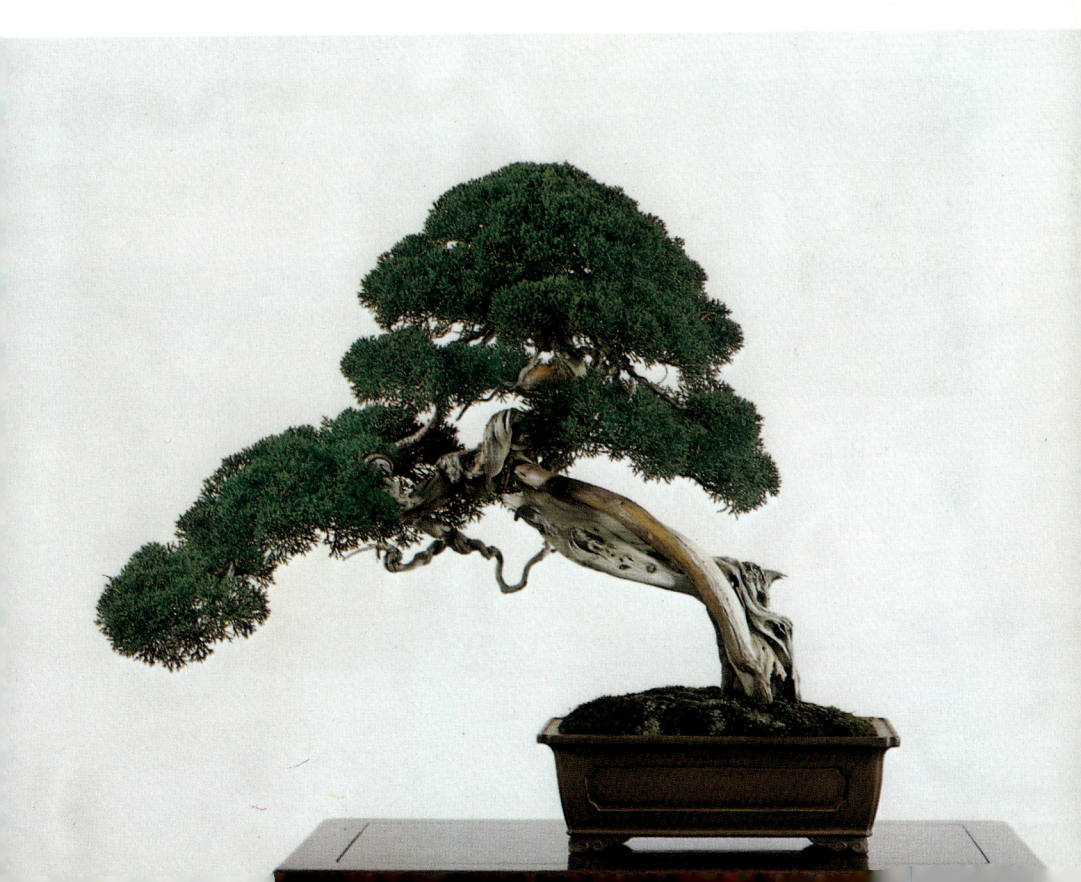

황금진백. 수형은 석부이고 나무의 높이는 46 센티미터이다. 잎의 색깔이 독특한 황금빛이다. 잘 가꾸어진 치밀한 잔가지가 이루는 수관선의 흐름이 인상적이다. (아래 왼쪽)
주목. 수형은 곡간이고 나무의 높이는 73 센티미터이다. 원줄기는 죽어 사리를 이루고 있고 곁에 자라던 가지가 굵어져 수관선을 이루는 보기 드문 수형이다. (아래 오른쪽)
소나무. 수형은 문인목이며 나무의 높이는 108 센티미터이다. 문인형의 우아하고 속세를 떠난 듯한 자태가 일품이다. 소나무가 가지고 있는 매력을 최대한으로 표현하고 있다. (오른쪽)

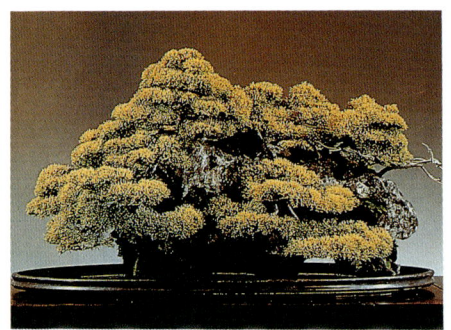

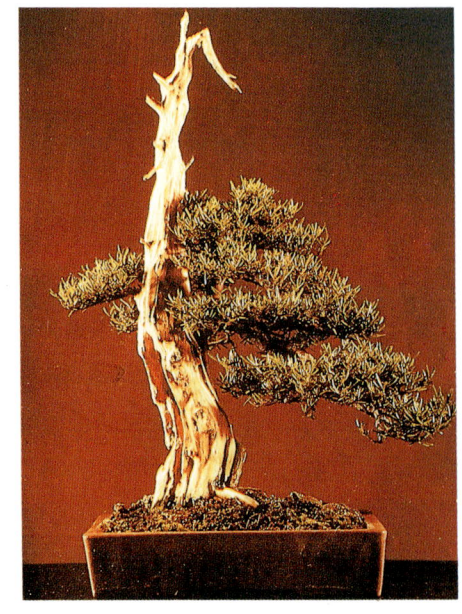

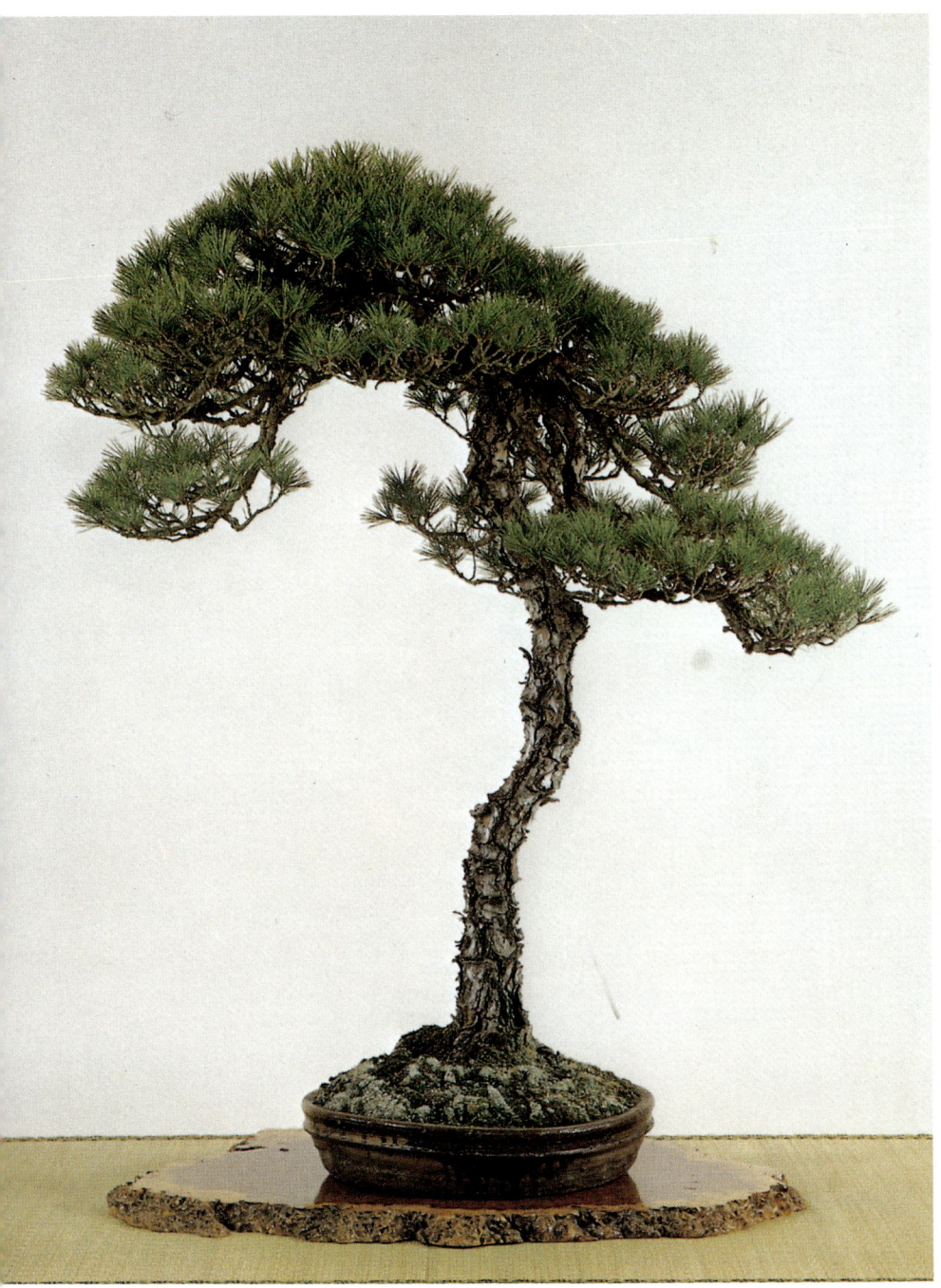

매화나무. 수형은 곡간이며 나무의 높이는 62 센티미터이다. 줄기의 여기저기에 나타나 있는 사리와 잘 발달된 잔가지는 고태의 모습을 보여 준다.

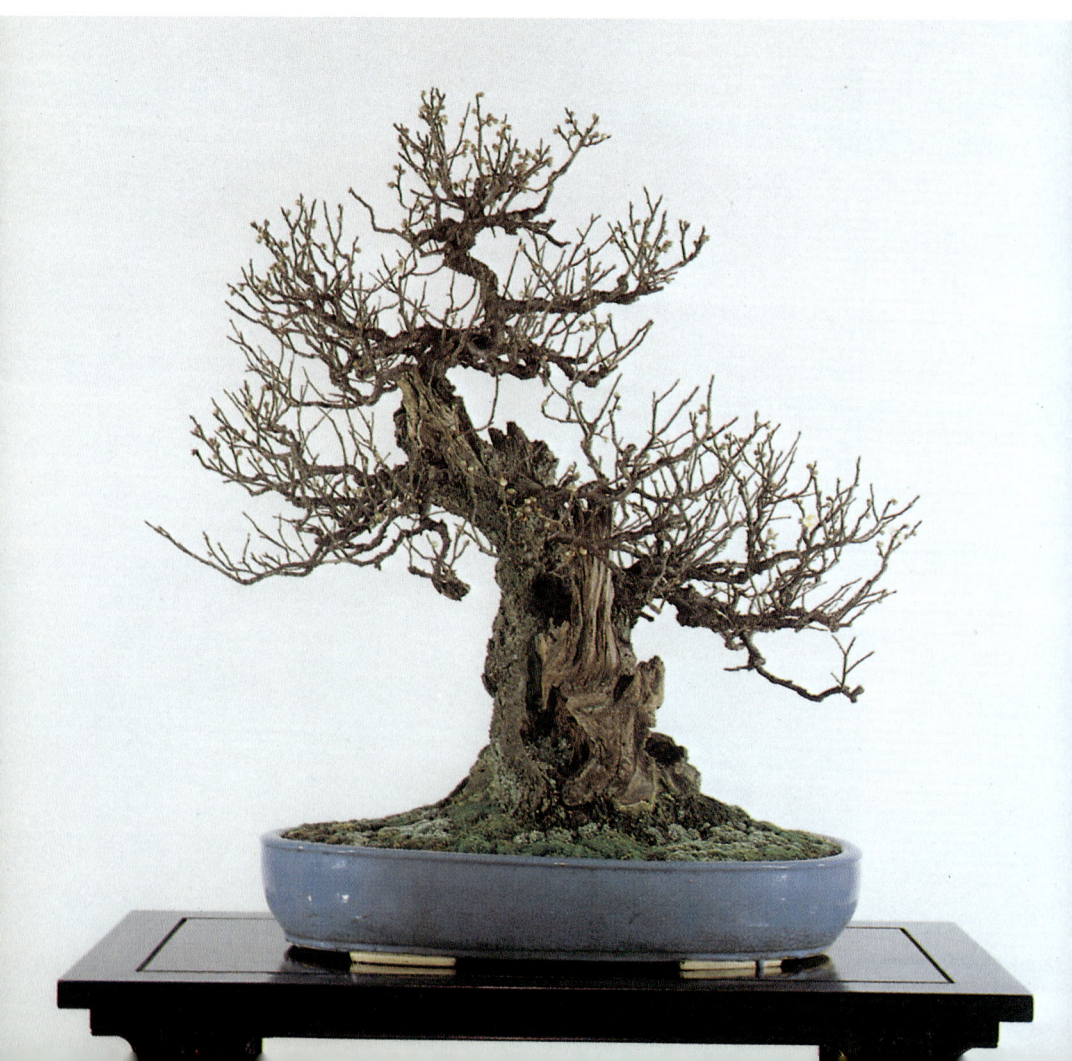

주목. 수형은 곡간이며 나무의 높이는 68 센티미터이다. 주목 특유의 사리줄기는 노대수의 풍격을 나타낸다. 심녹색의 잎과 붉은 수피의 대비가 좋고 가지의 배열, 분과의 조화도 훌륭하다.

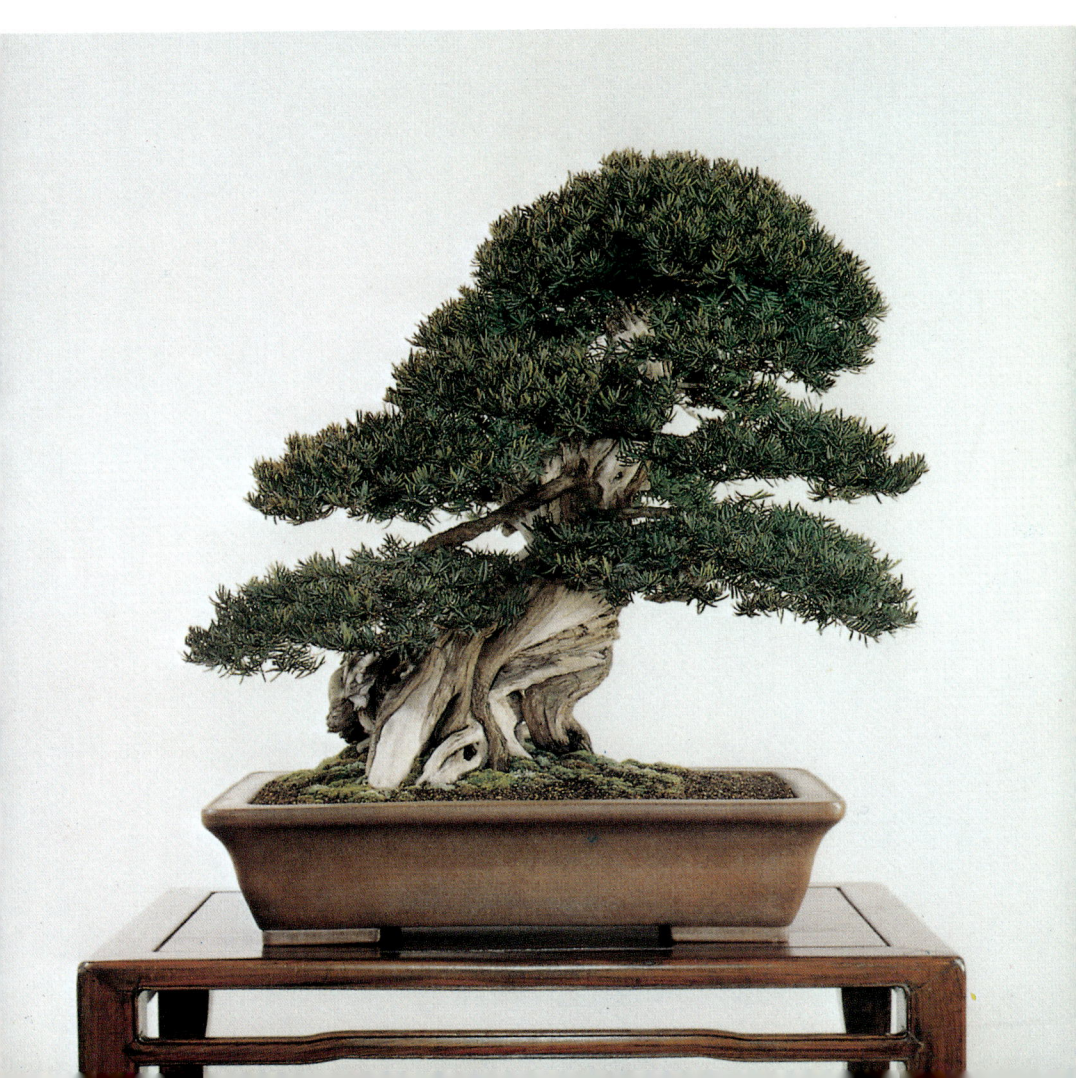

소사나무. 수형은 쌍간이며 나무의 높이는 95 센티미터이다. 힘있는 뿌리뻗음과 줄기의 흐름, 쌍간의 묘가 재미있다. 굴곡이 강한 줄기와 가지의 배열이 좋다.

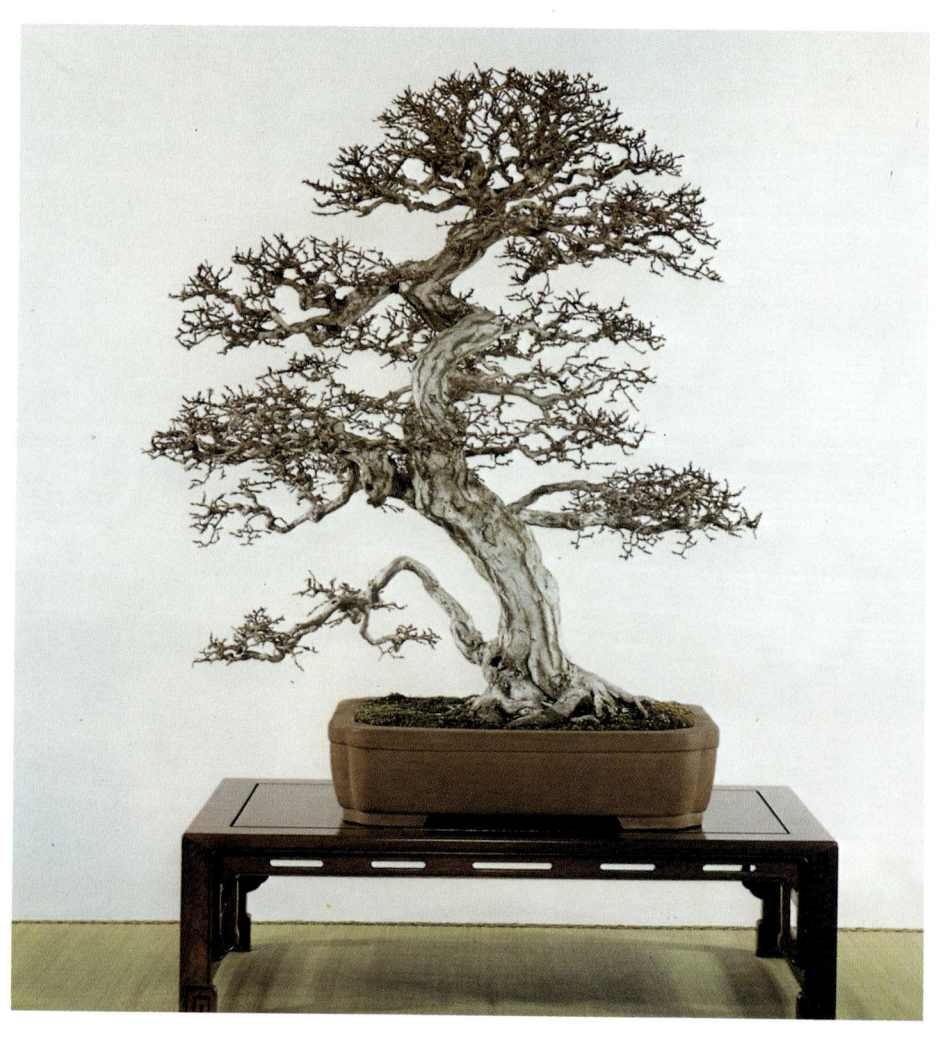

진백. 수형은 곡간이며 나무의 높이는 125 센티미터이다. 진백에서는 보기 드문 안정된 뿌리뻗음, 줄기의 예스러운 모습, 웅대한 곡과 사리가 아주 훌륭하다.

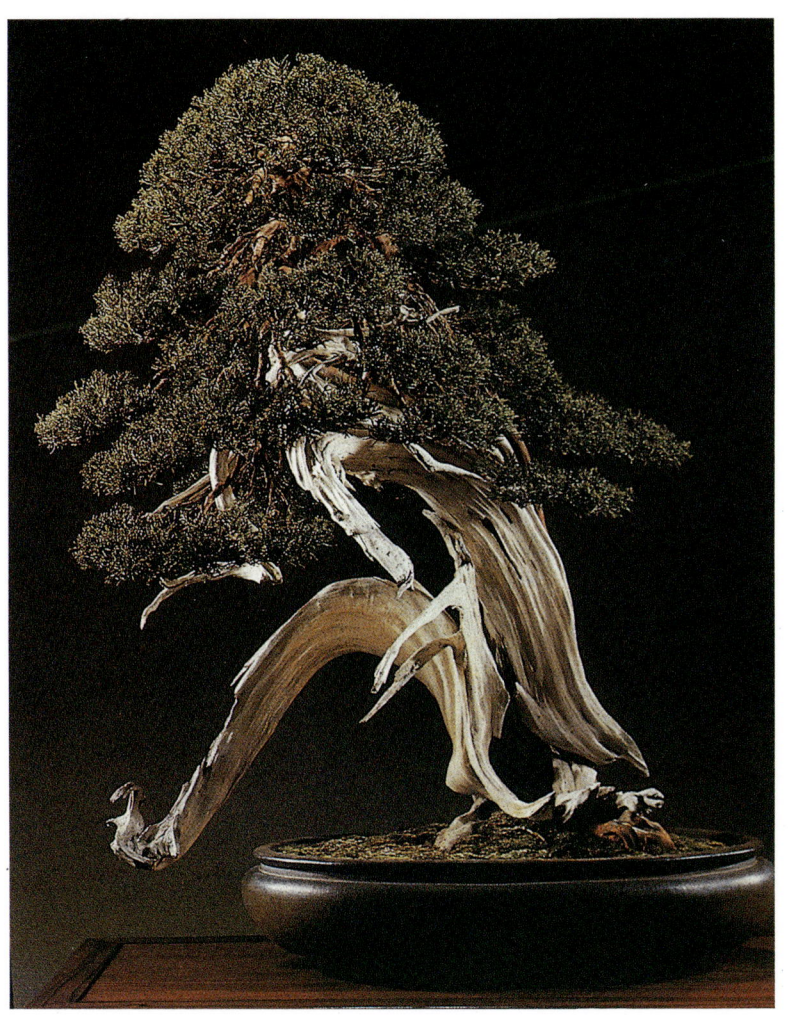

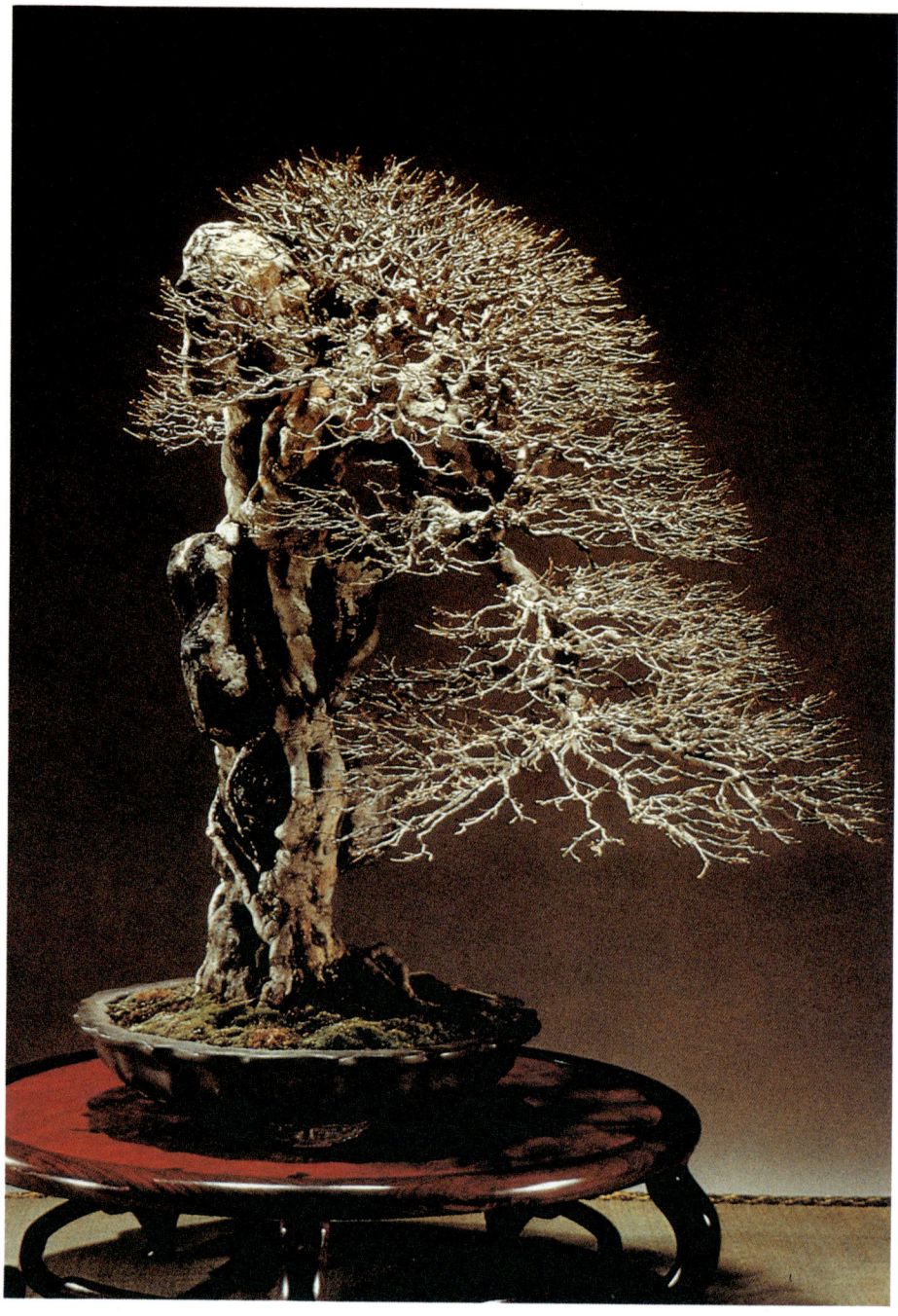

당단풍. 수형은 석부이고 나무의 높이는 75 센티미터이다. 돌에 잘 밀착된 뿌리, 섬세하게
잘 가꾸어진 잔가지는 당단풍 석부분재 중 명품이다. (왼쪽)
산단풍. 수형은 곡간이며 나무의 높이는 80 센티미터이다. 산단풍의 반근으로서는 희귀
하다. 뿌리의 박력과 더불어 줄기의 흐름, 가지의 배열이 볼 만하다. (오른쪽)

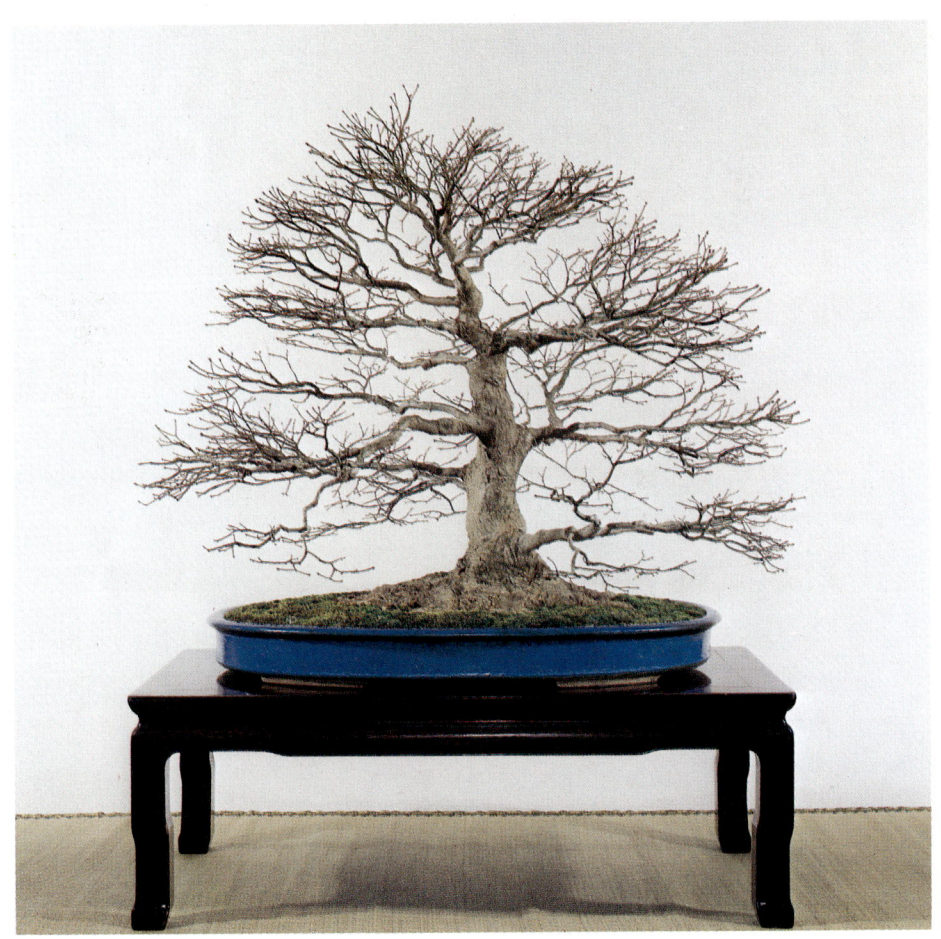

소사나무. 수형은 쌍간이고 나무의 높이는 59 센티미터이다. 밑둥의 생김새와 뿌리뻗음이 좋고 소사나무로서는 보기 힘든 쌍간수형이다. (아래 왼쪽)
당단풍. 수형은 석부이고 나무의 높이는 70 센티미터이다. 뿌리가 독특하게 돌을 감고 있으며 돌의 형태와 수형이 조화를 잘 이룬다. (아래 오른쪽)

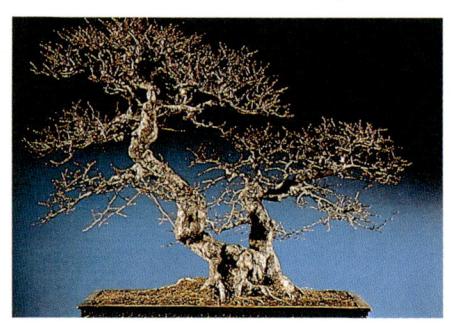

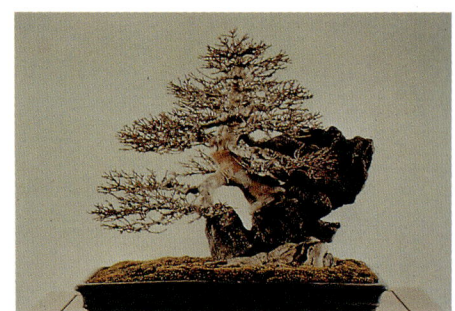

산단풍나무. 수형은 총생간이며 나무의 높이는 68 센티미터이다. 사방으로 널리 잘 뻗어 있는 가지에 무한의 공간이 펼쳐진 듯하다. 근원에서 가지 끝에 이르는 선의 흐름이 우아 하다. (오른쪽)

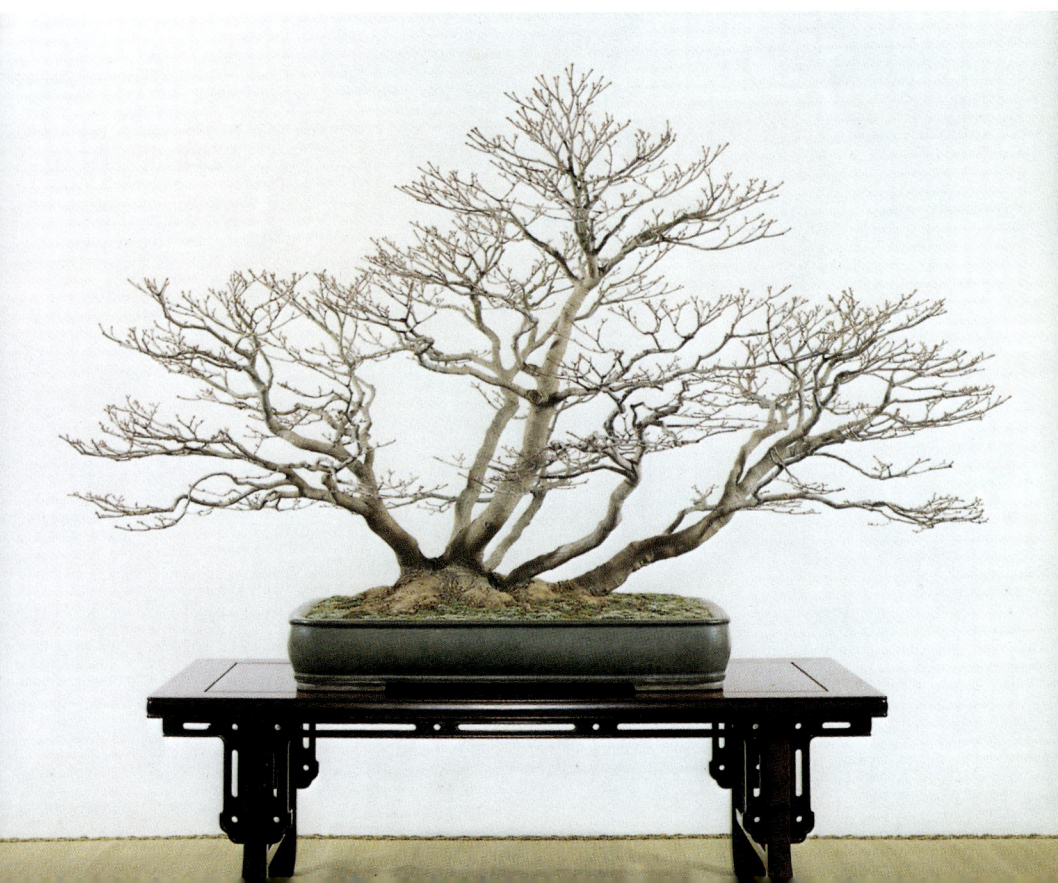

애기노각나무. 수형은 직간이고 나무의 높이는 65 센티미터이다. 뿌리뻗음, 그루솟음새, 줄기선의 흐름이 이상적이며 잔가지의 표현 또한 뛰어난 작품이다.

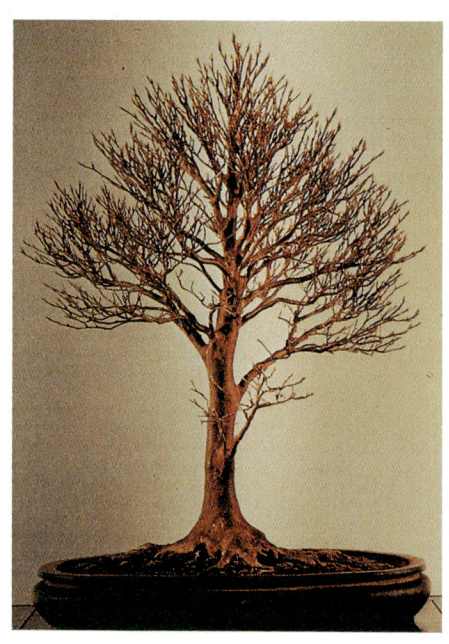

당단풍. 수형은 곡간이고 나무의 높이는 22 센티미터이다. 조밀하게 잘 발달된 잔가지로 인해 큰 나무처럼 보인다.

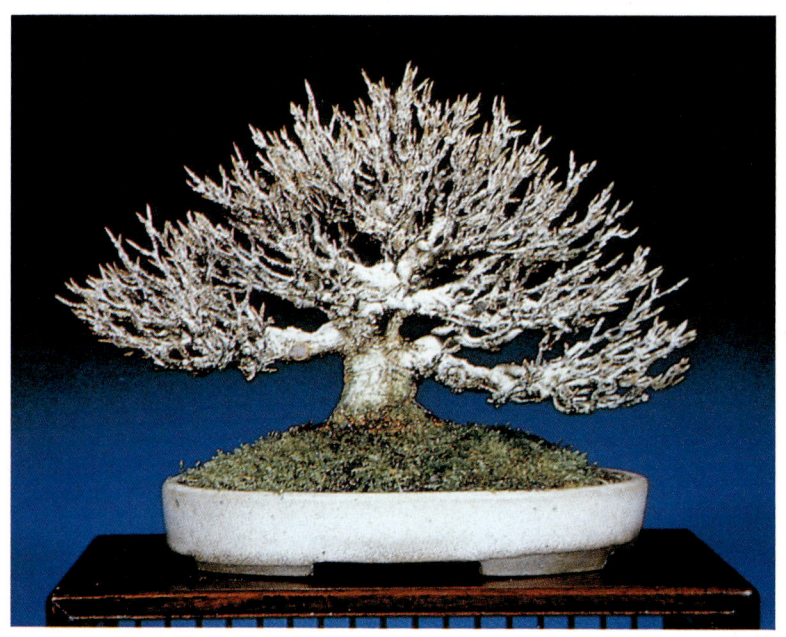

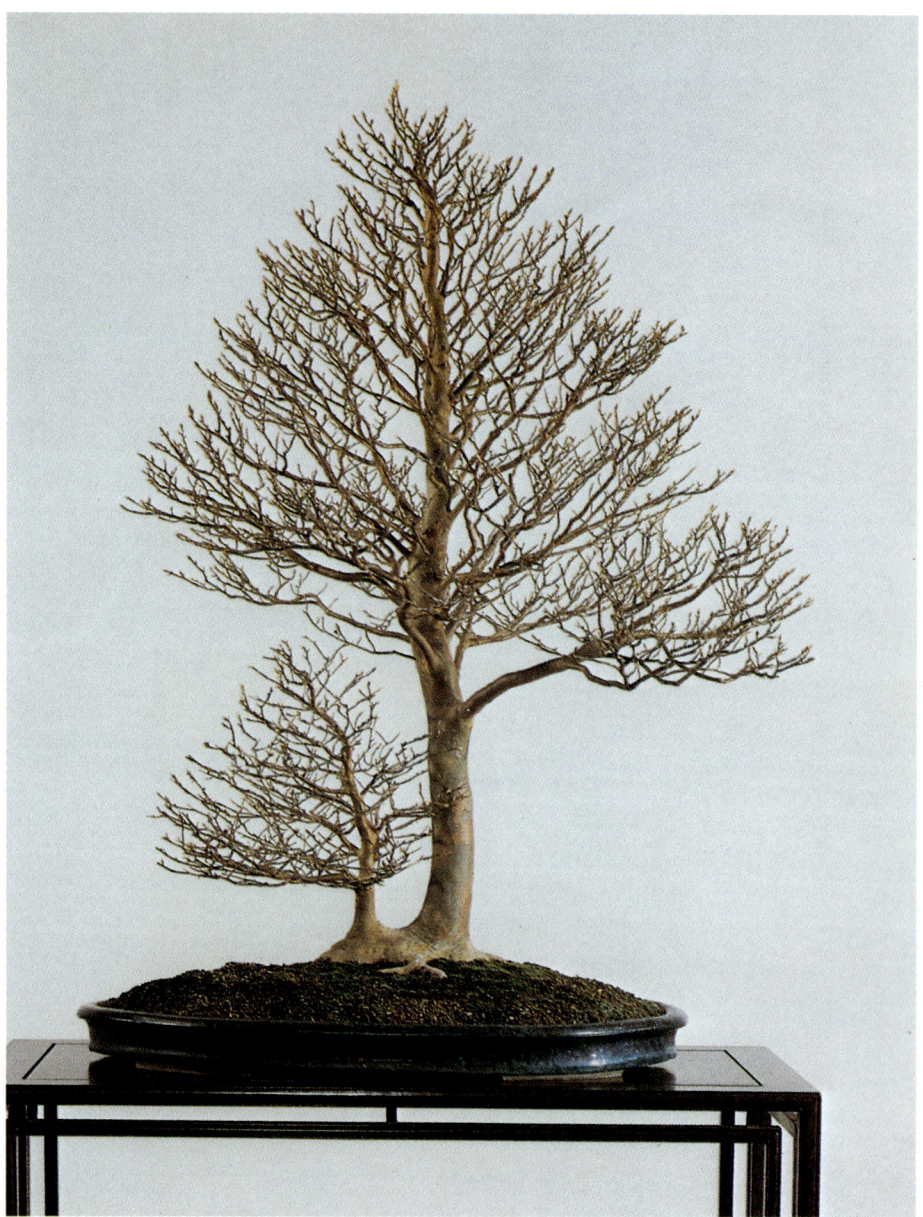

애기노각나무. 수형은 쌍간이며 나무의 높이는 80 센티미터이다. 좋은 줄기솟음새와 안정된 뿌리뻗음, 쌍간으로서 크고작은 변화의 묘 등 애기노각나무의 특징이 잘 표현된 작품이다. (왼쪽)

장수매. 수형은 연근이고 나무의 높이는 43 센티미터이다. 오랫동안 분생활을 한 모습이 잔가지에 잘 나타나 있으며 분과의 조화가 뛰어나다. 수많은 줄기의 모양이 우아한 아름다움을 느끼게 한다. (오른쪽)

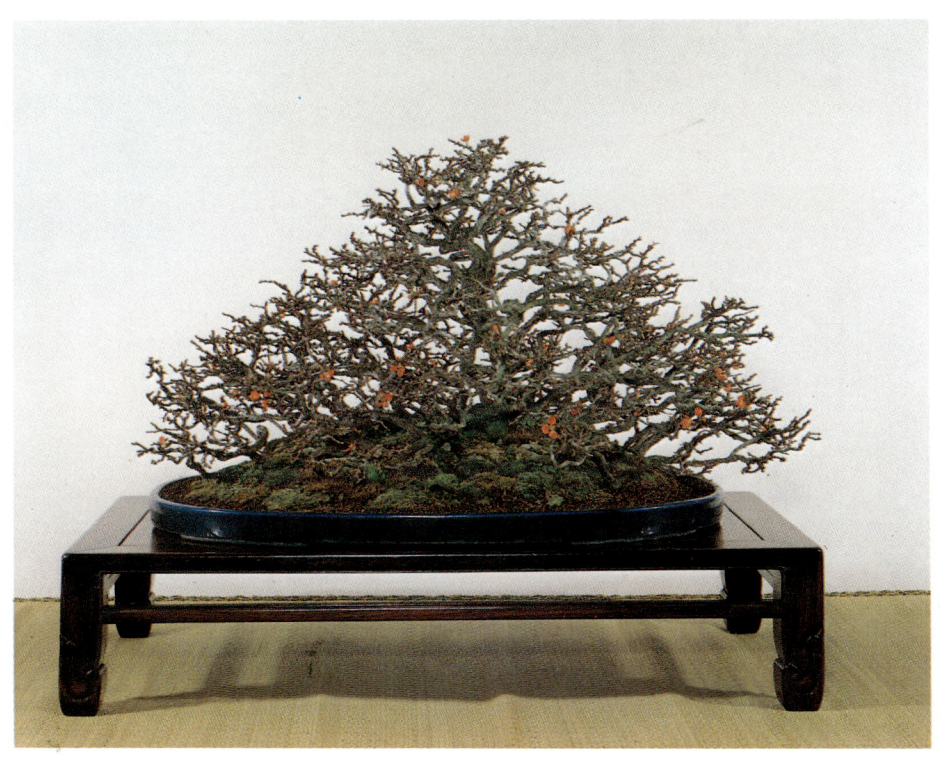

느티나무. 수형은 직간이며 나무의 높이는 60 센티미터이다. 느티나무 특유의 부채꼴형 수형으로 잘 만들어졌으며 노수대목의 모습을 잘 표현하고 있다.

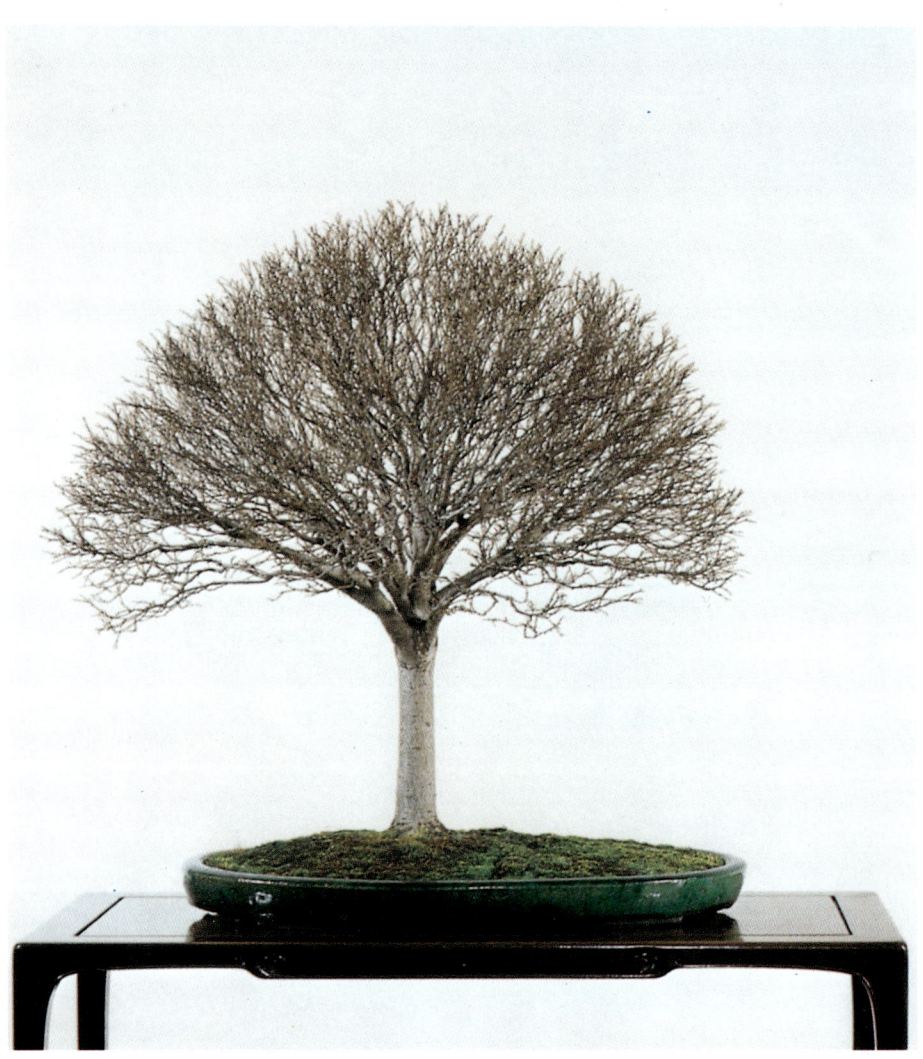

느티나무. 수형은 직간이고 나무의 높이는 13 센티미터이다. 크기가 작고 잔가지는 별로 없지만 큰 나무의 모습이 그대로 나타나 있다.

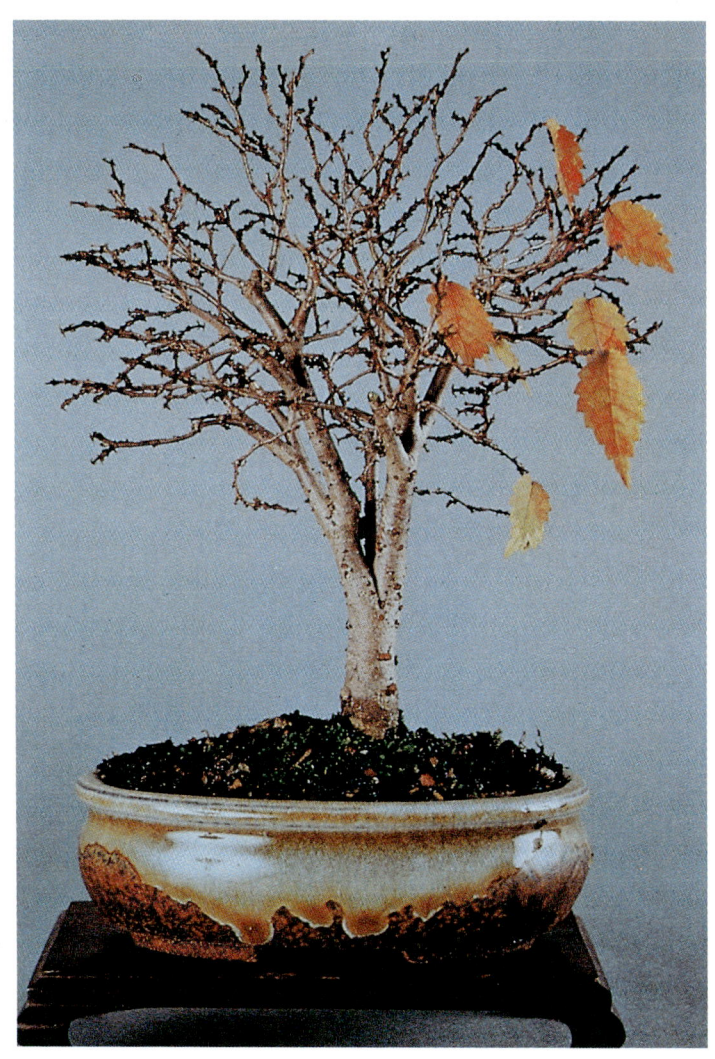

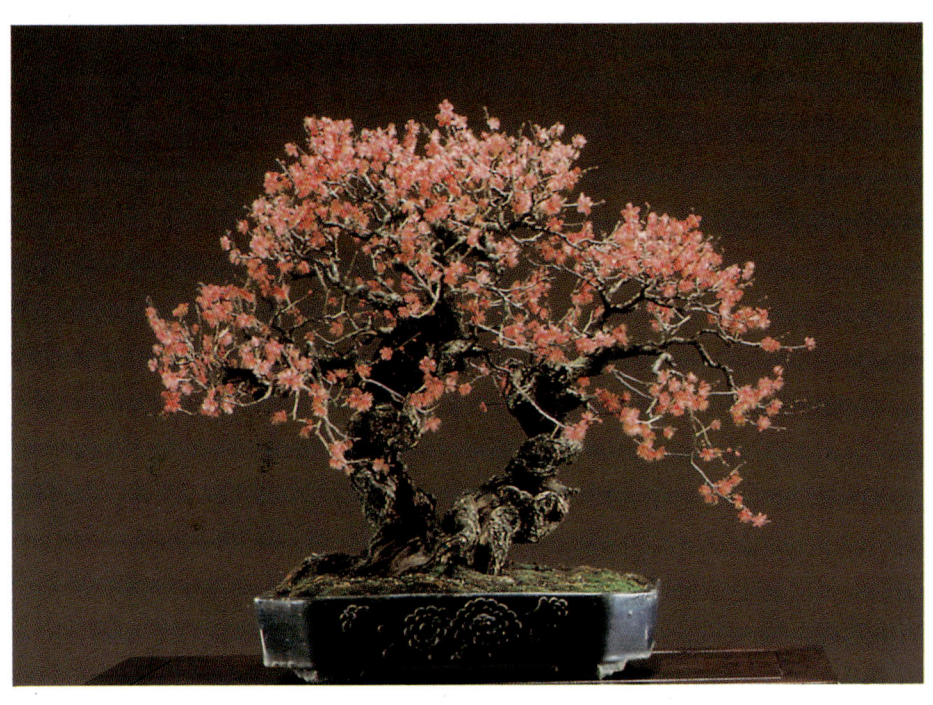

매화나무. 수형은 쌍간이며 나무의 높이는 58 센티미터이다. 쌍간의 줄기 모양이 고목의 연륜을 잘 나타내고 있다. 매화다운 풍정이 잘 표현되어 있으며 잔가지가 발달되어 있는 것으로 보아 분생활을 오래 했음을 알 수 있다.

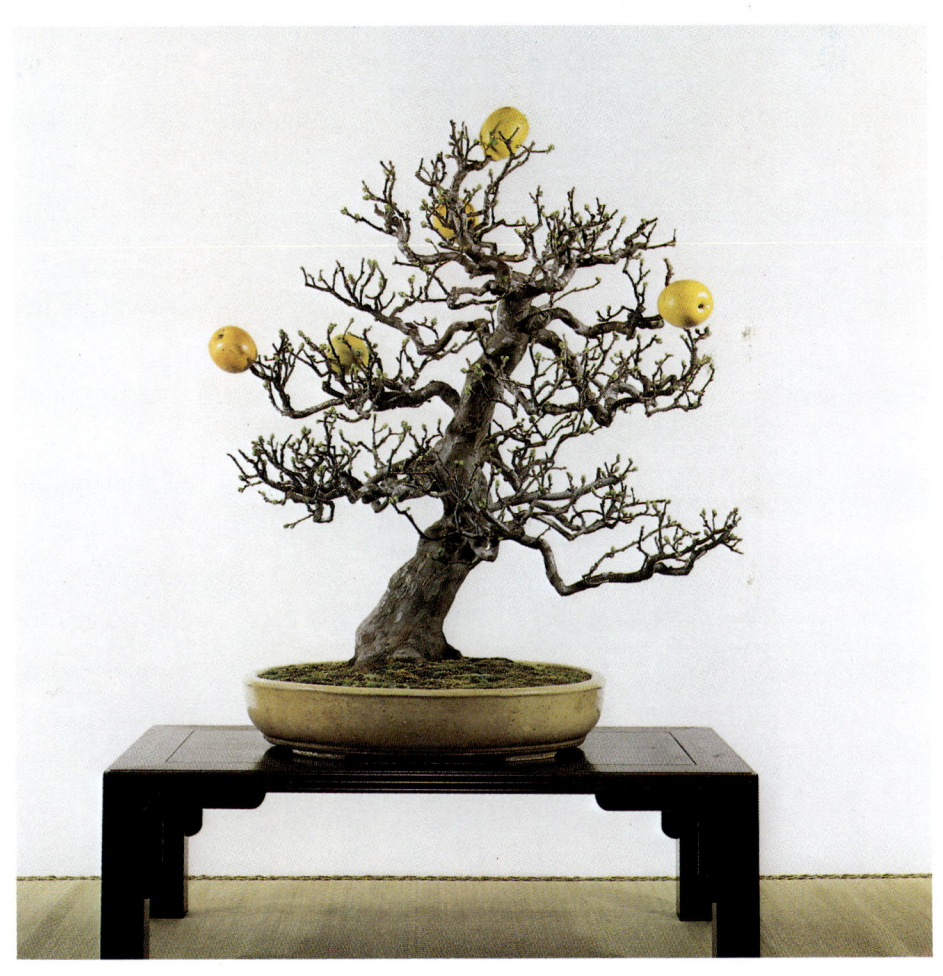

모과나무. 수형은 곡간이며 나무의 높이는 85 센티미터이다. 적절한 가지 배열과 약동감
이 잘 나타나 있으며 타원형의 분의 선택도 좋다.

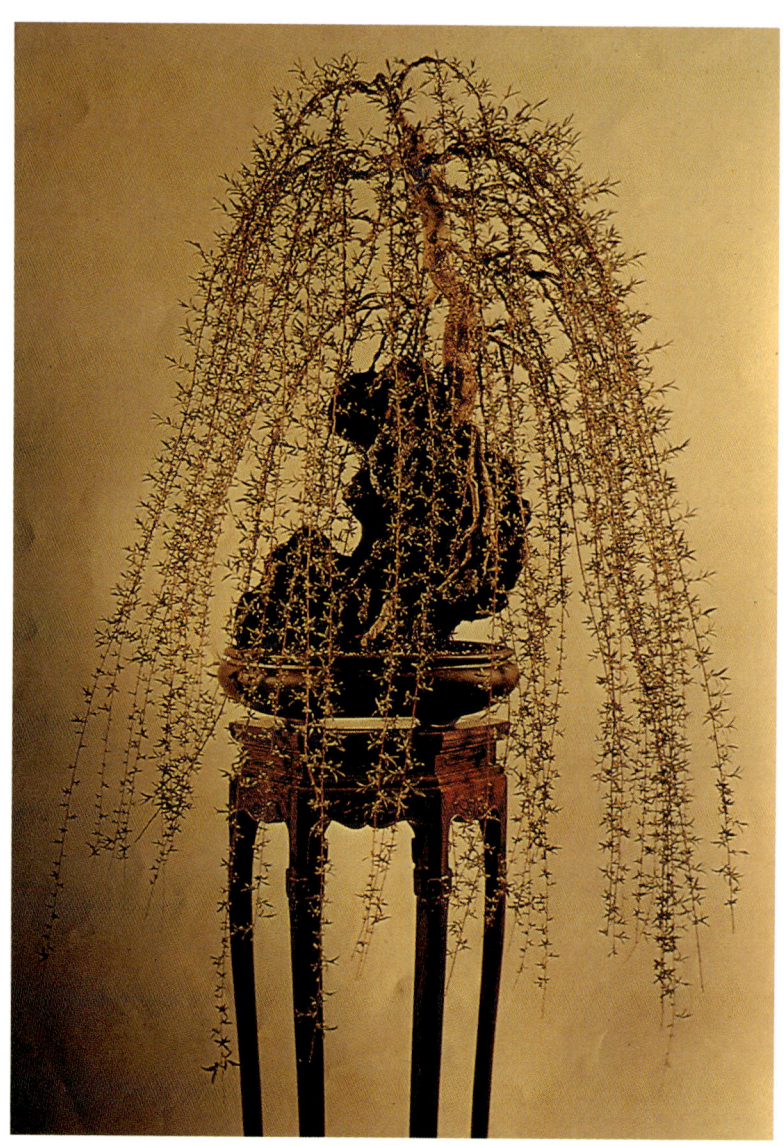

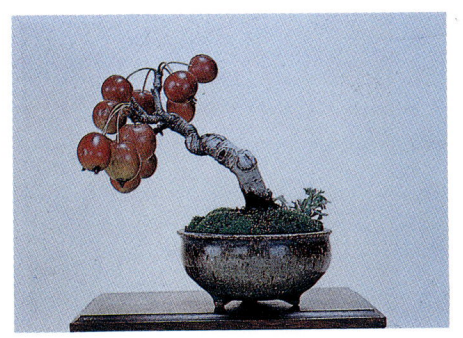 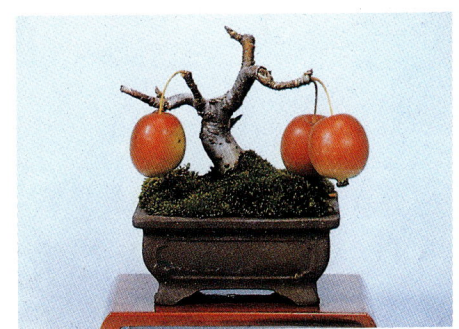

수양버드나무. 수형은 석부이고 나무의 높이는 43 센티미터이다. 특이한 수형인 석부에다 늘어진 가지가 우아함을 더해 주고 있다. (왼쪽)
애기사과나무. 수형은 곡간이고 나무의 높이는 14 센티미터이다. 비록 소품이지만 가을의 풍정을 느끼게 한다. (위 왼쪽)
애기사과나무. 수형은 곡간이고 나무의 높이는 10 센티미터이다. 어린 나무이지만 열매를 맺어 관상 가치가 있다. (위 오른쪽)

낙상홍. 수형은 총생간이며 나무의 높이는 72 센티미터이다. 줄기 세 개의 대조가 좋으며 흐름이 아름답다. 작은 홍색의 열매가 잘 붙어 있는 모습이 볼 만하다. (왼쪽)

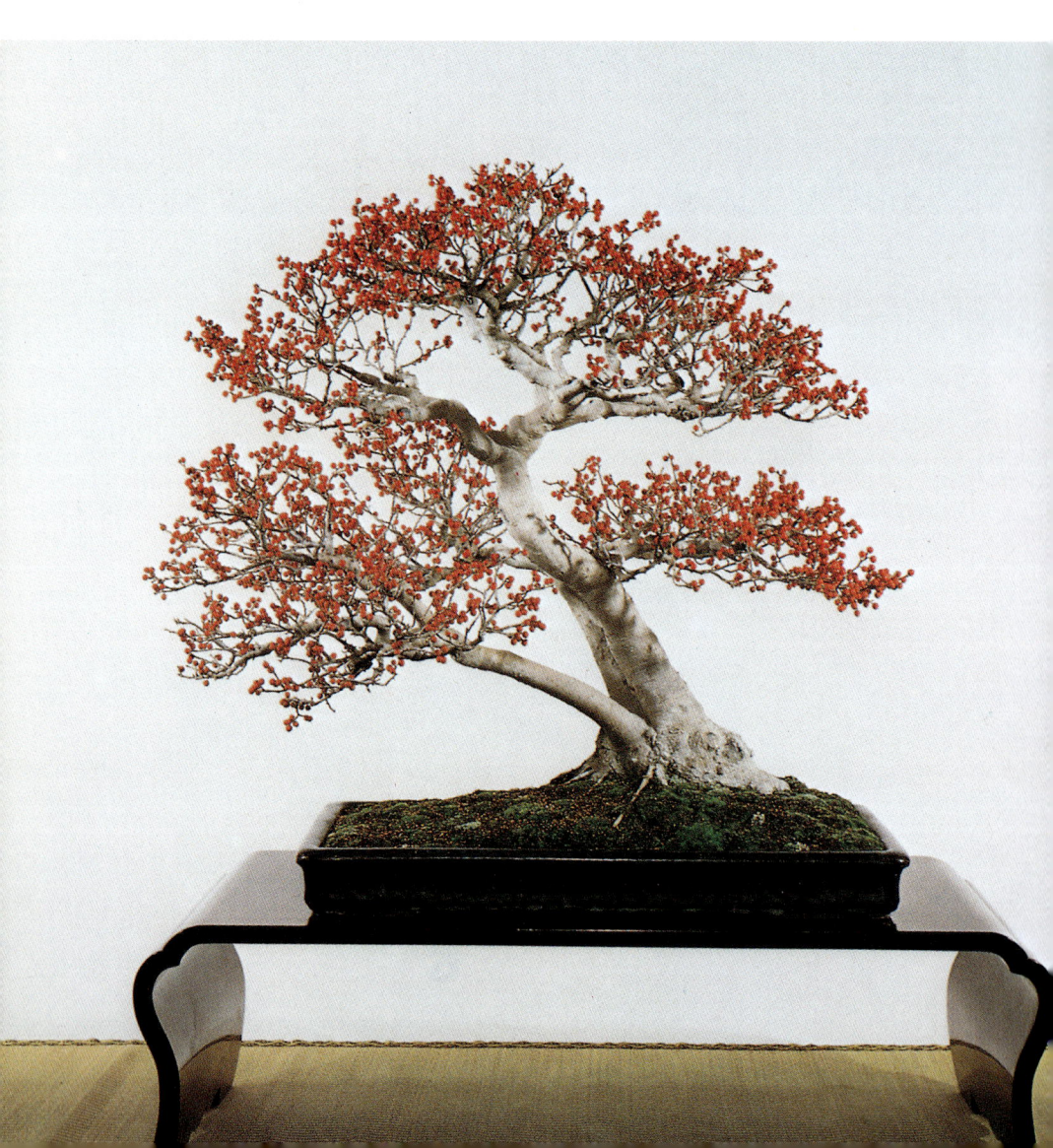

남오미자나무. 수형은 현애이며 상하 75센티미터, 좌우 62센티미터이다. 덩굴성 식물이 지만 뿌리뻗음에서 가지 끝까지의 고태감은 오랫동안 분생활을 했음을 나타내고 있다. 잎 사이로 보이는 붉은 열매 송이가 볼 만하며 분과의 조화도 좋다. (오른쪽)

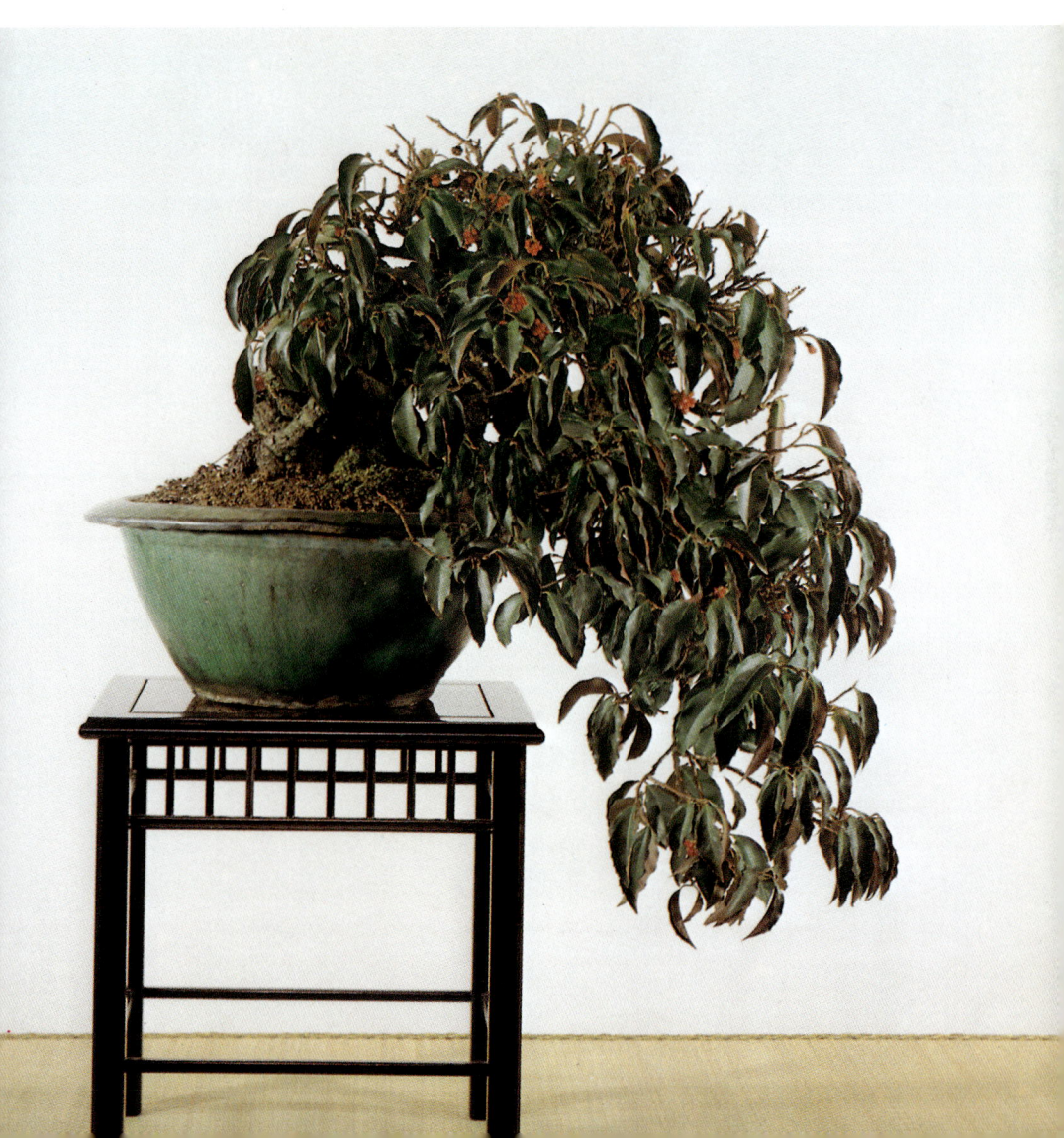

호숙매. 수형은 곡간이며 나무의 높이는 45 센티미터이다. 뿌리뻗음과 줄기솟음이 좋으며 잔가지에 매달려 있는 작고 붉은 열매가 장관이다. (아래 왼쪽)
노박덩굴. 수형은 반현애이고 양쪽의 길이가 13 센티미터이다. 굽은 줄기, 가지마다 매달려 있는 열매가 볼 만하다. (아래 오른쪽)

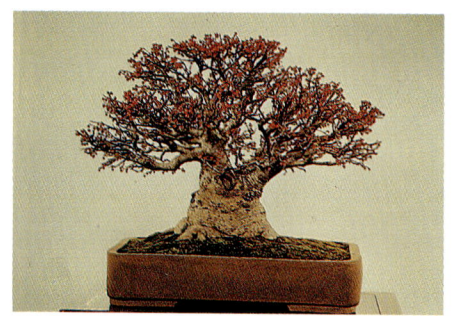

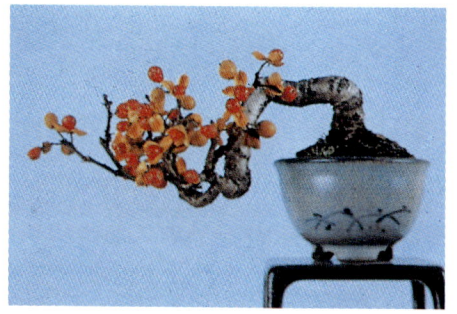

감나무. 수형은 곡간이고 나무의 높이는 53 센티미터이다. 줄기의 모습이 재미있게 굽틀어져 있으며 열매가 매달려 있는 모습이 볼 만하다. (오른쪽)

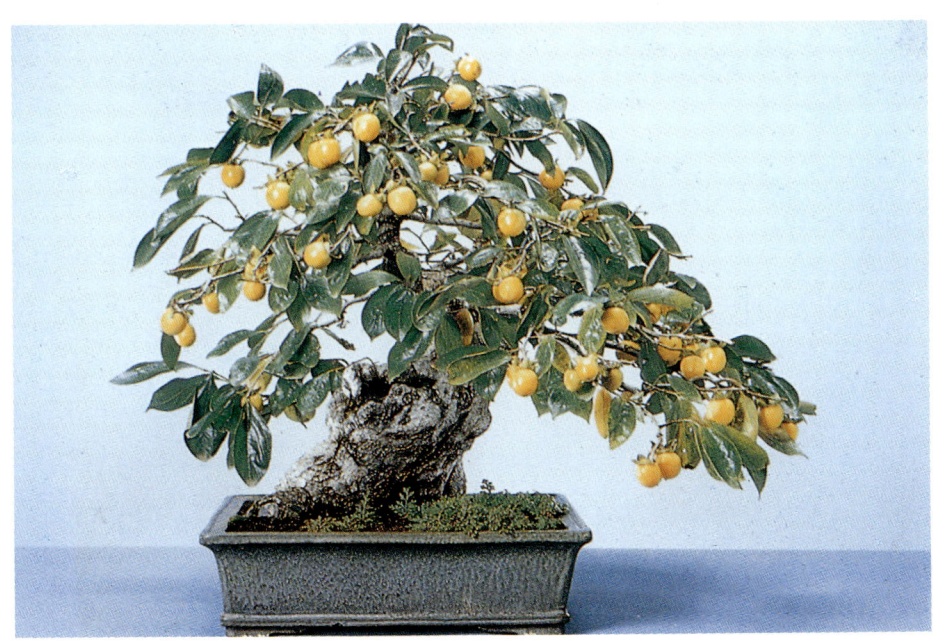

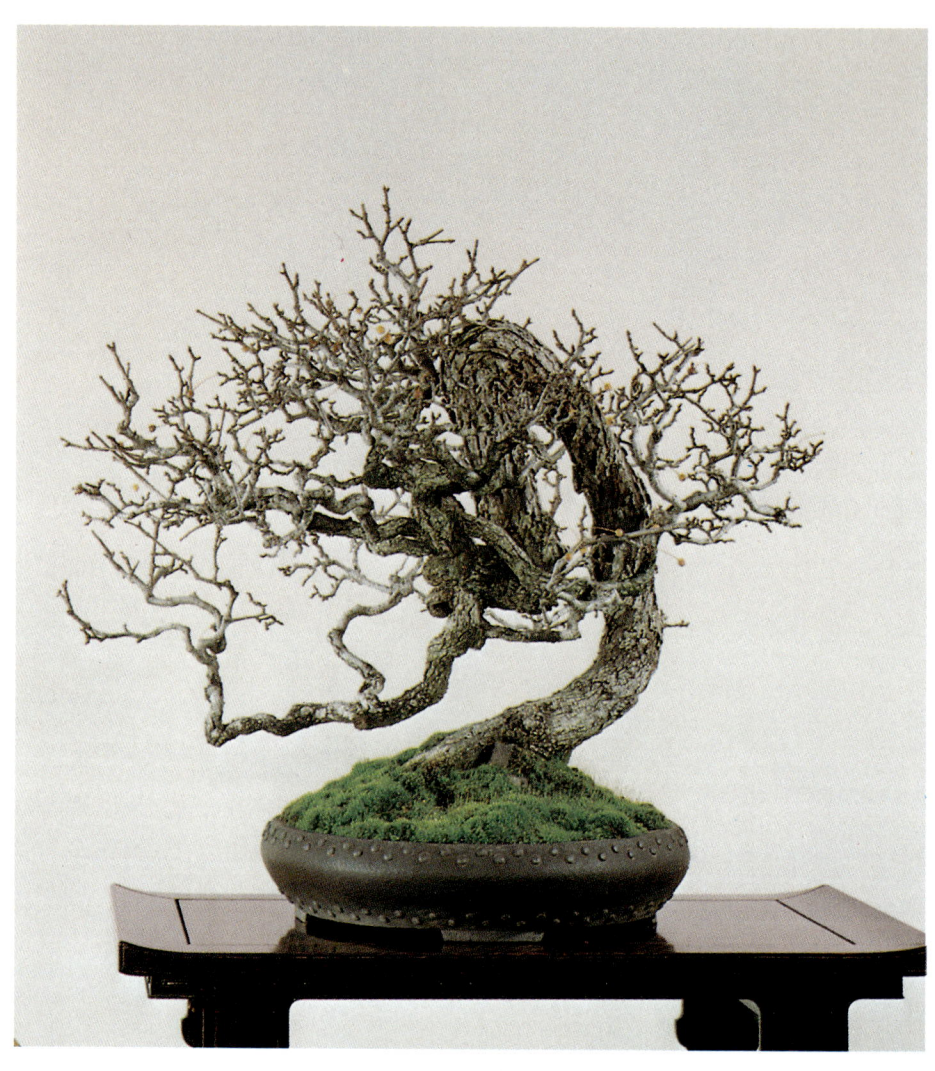

심산해당. 수형은 반간이며 나무의 높이는 63 센티미터이다. 심산해당으로서는 진귀한 수형이다. 수피와 잘 발달된 잔가지가 나타내는 고태감은 이 나무의 수격을 한 단계 높이고 있다.

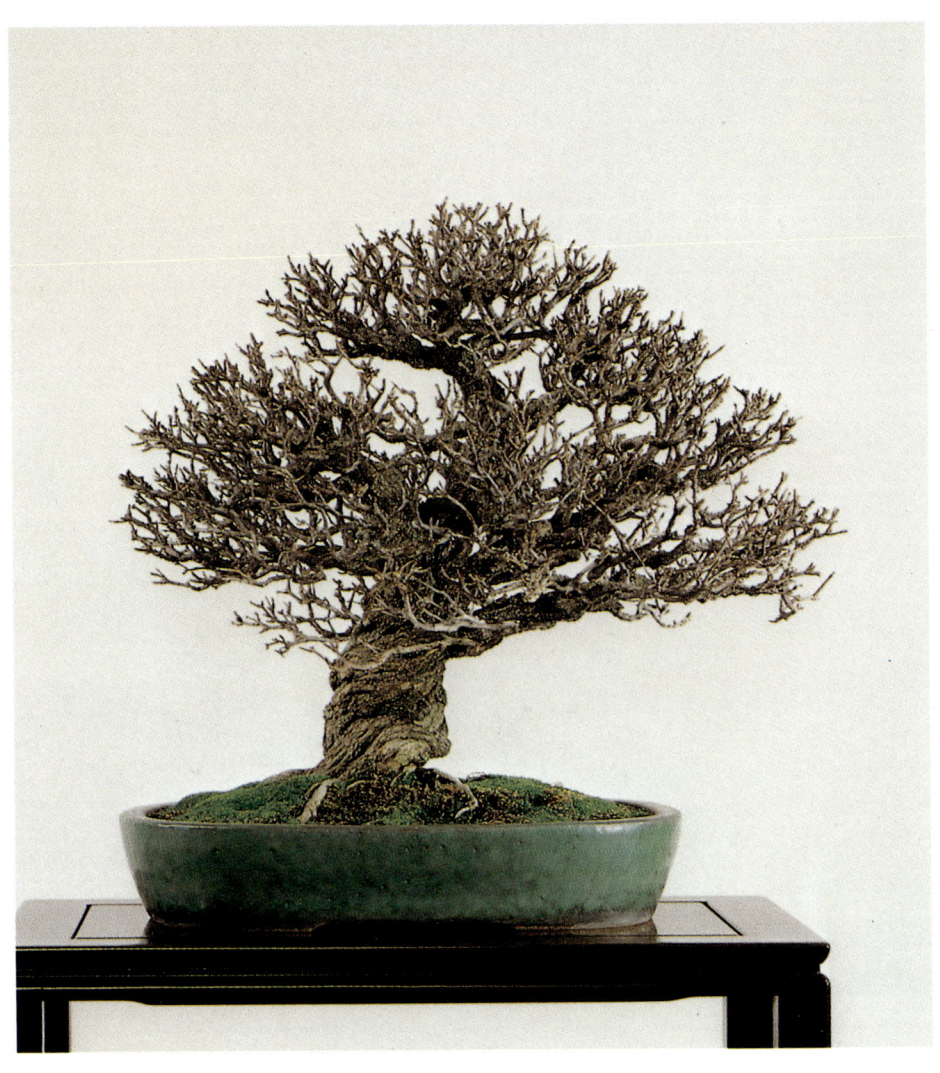

석류나무. 수형은 곡간이며 나무의 높이는 45 센티미터이다. 뒤틀리는 석류나무의 고목은
아주 보기 힘들며, 이 줄기의 고색과 가지의 섬세함이 뛰어나다.

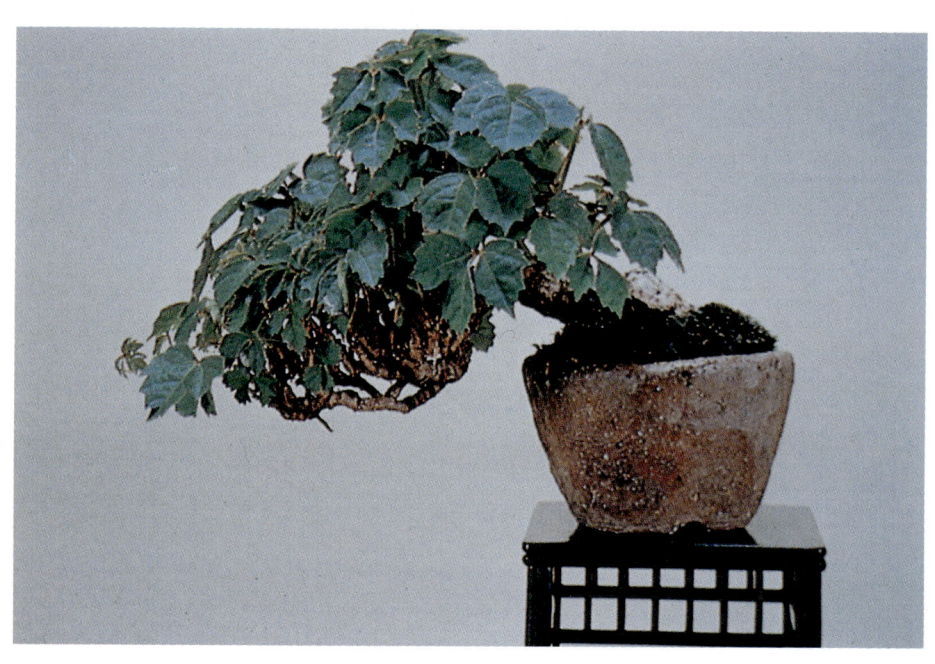

담쟁이 덩굴. 수형은 반현애이고 양쪽 길이가 14 센티미터이다. 분과 수형이 조화를 잘 이루고 있으며 덩굴성 식물이지만 잔가지가 제법 발달되어 있다.

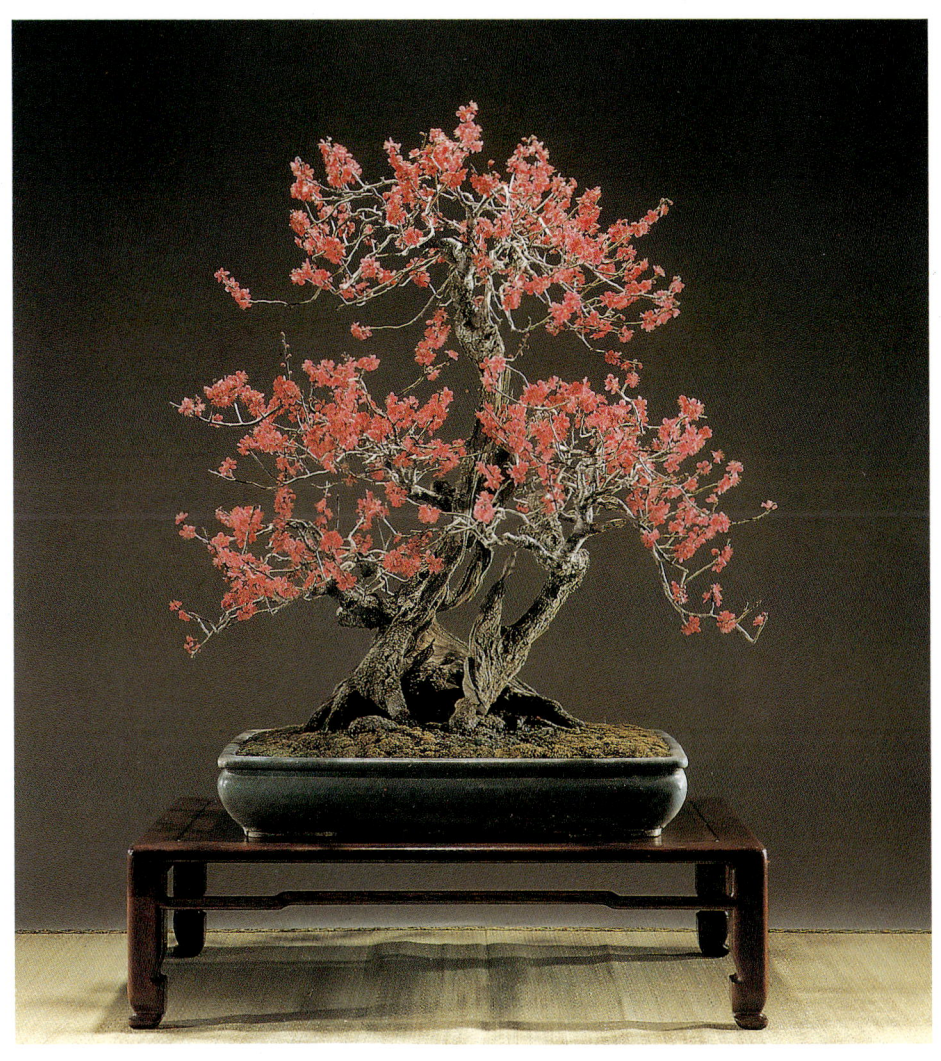

매화나무. 수형은 쌍간이며 나무의 높이는 85 센티미터이다. 수십 년을 지낸 줄기의 고색과
섬세한 가지, 우아하고 아름다운 꽃과의 대비가 훌륭하다.

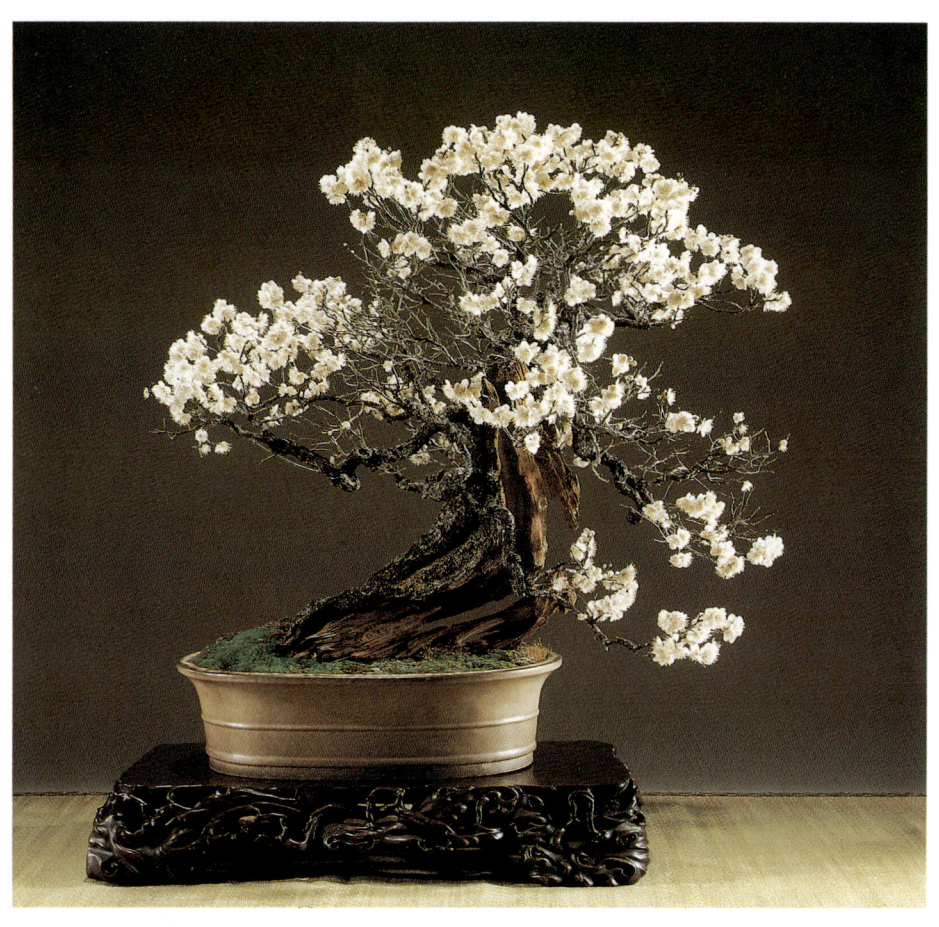

매화나무. 수형은 곡간이며 나무의 높이는 78 센티미터이다. 감탄의 소리가 절로 나는 노대수의 모습이다. 꽃의 향기도 좋고 근원 부분은 와룡을 생각나게 한다.

사쯔기철쭉. 수형은 표준곡간이며 나무의 높이는 52 센티미터이다. 고목다운 뿌리뻗음, 줄기솟음새가 훌륭하다. 가지의 배열도 적절하고 잔가지도 정교하며 깨끗한 작품이다.

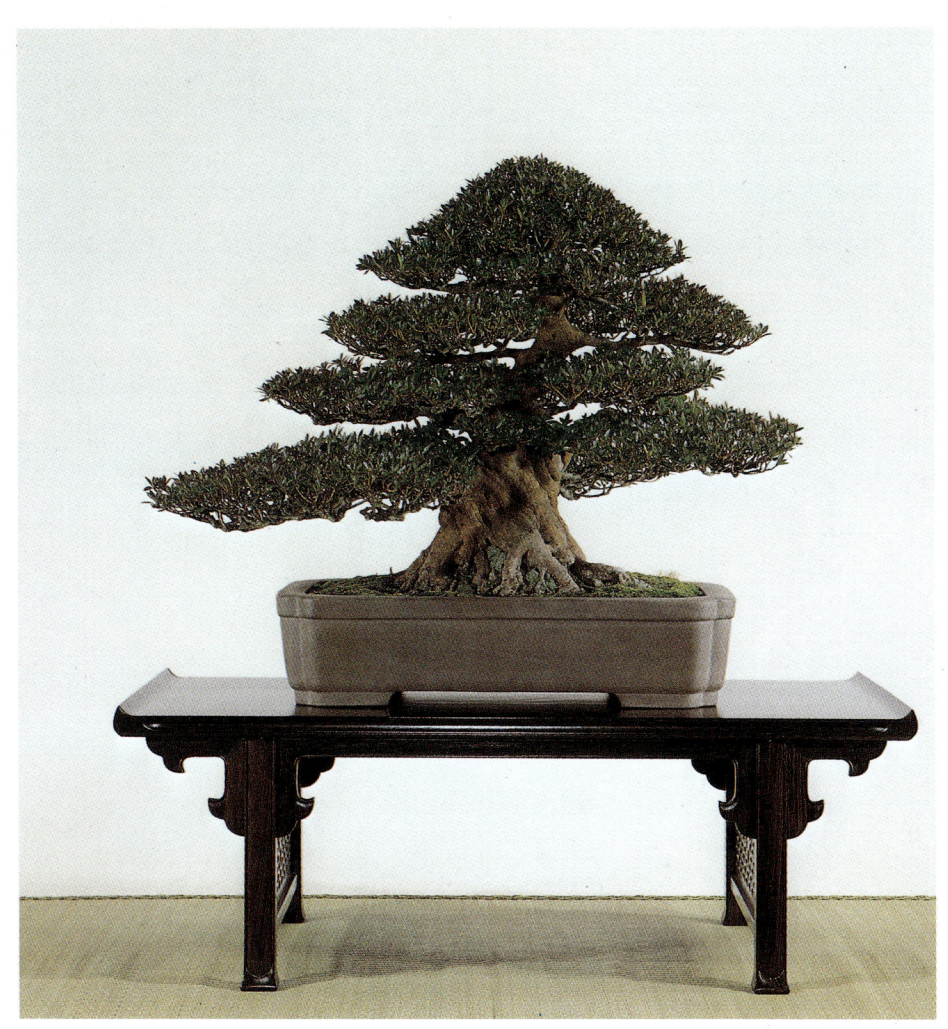

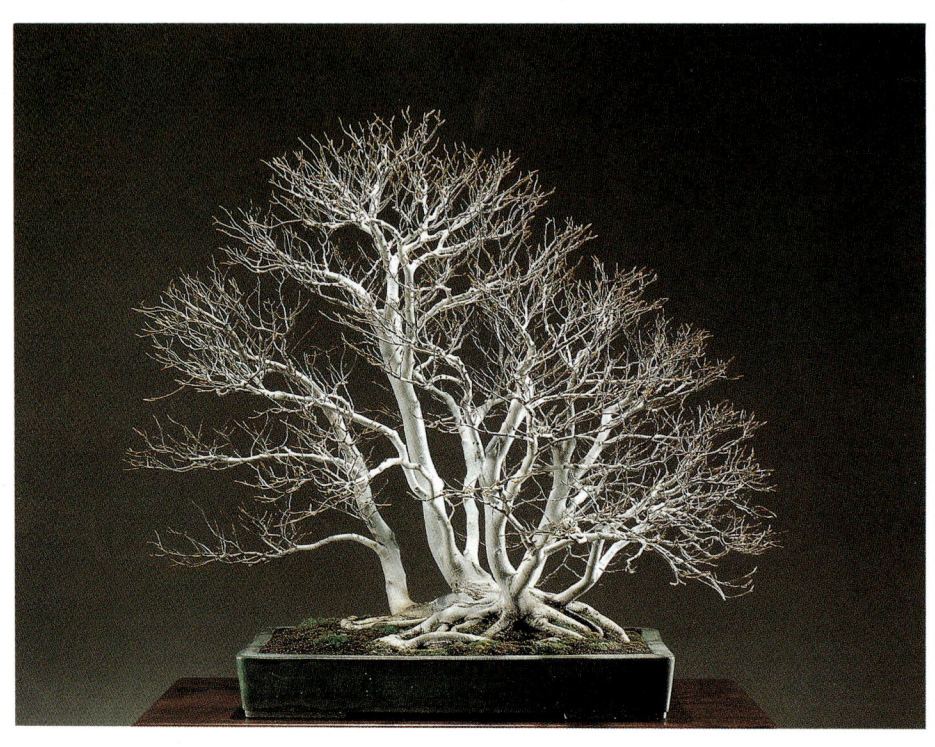

너도밤나무. 수형은 총생간이고 나무의 높이는 72 센티미터이다. 너도밤나무 특유의 수피
색깔이 잘 나타나 있고 여러 개의 줄기이지만 서로 조화를 잘 이루고 있다.

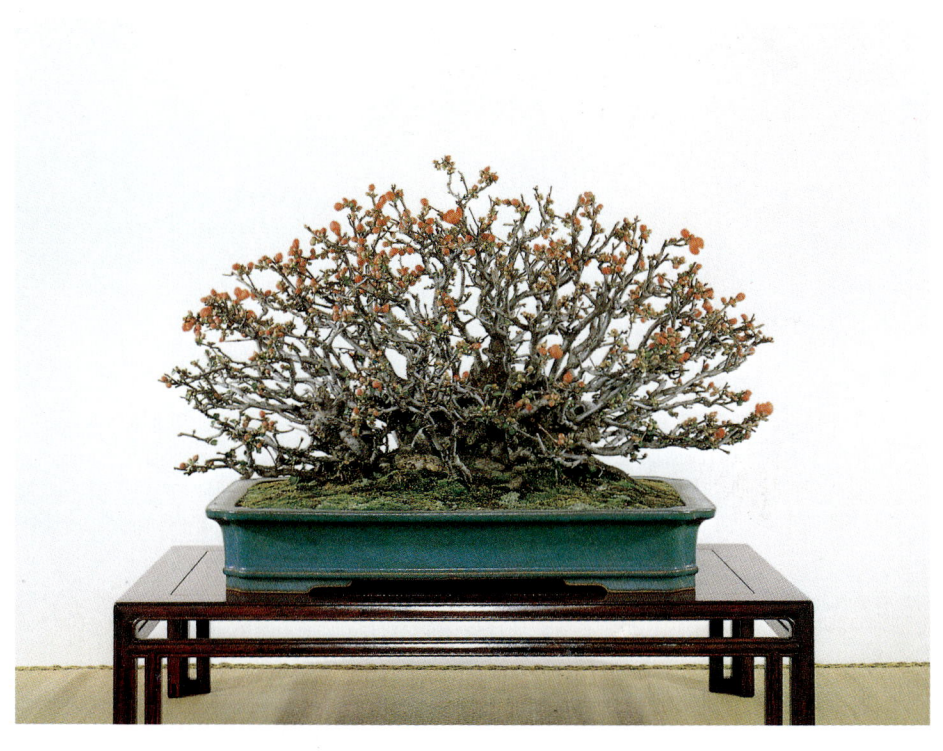

명자나무. 수형은 총생간이고 나무의 높이는 46 센티미터이다. 겨울에도 붉은색의 선명한
꽃이 무리지어 피어 있다. 많은 줄기와 분과의 조화도 좋다.

벗나무. 수형은 곡간이며 나무의 높이는 73센티미터이다. 2월에 진홍의 꽃을 피운다. 수
형도 좋고 분과의 조화도 좋다.

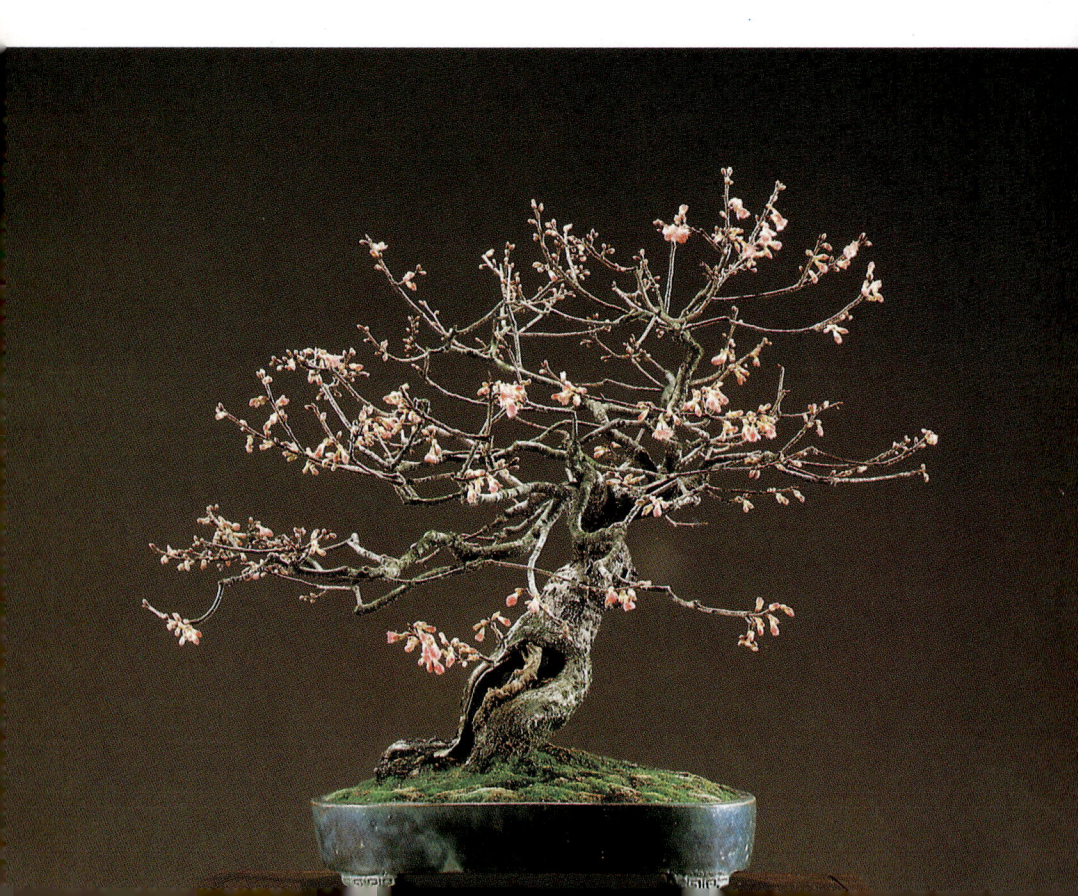

왜황납판화. 수형은 곡간이며 나무의 높이는 67 센티미터이다. 가지가 넓게 펼쳐져 있는
모습을 낮은 분에 심어서 잘 표현하고 있다.

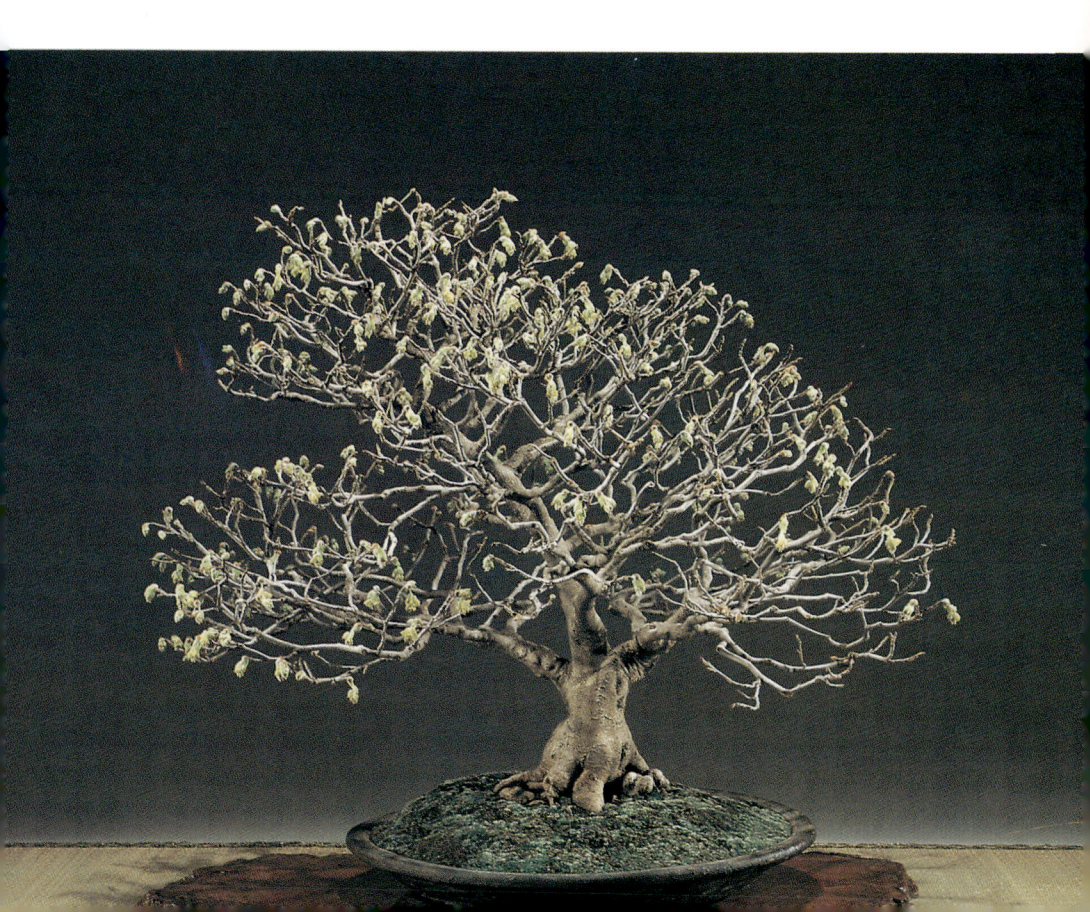

애기고부시. 수형은 곡간이며 나무의 높이는 58 센티미터이다. 가지의 배열, 잔가지를 잘 가꾼 것이 볼 만하다. (왼쪽)
자목련. 수형은 곡간이고 나무의 높이는 58 센티미터이다. 좀처럼 볼 수 없는 목련 분재이다. 대개 목련은 줄기와 가지가 직선으로 자라는데 줄기에 곡선이 잘 들었다. 제법 짧은 가지에 큰 꽃이 피어 있는 모습이 장관이다. (오른쪽)

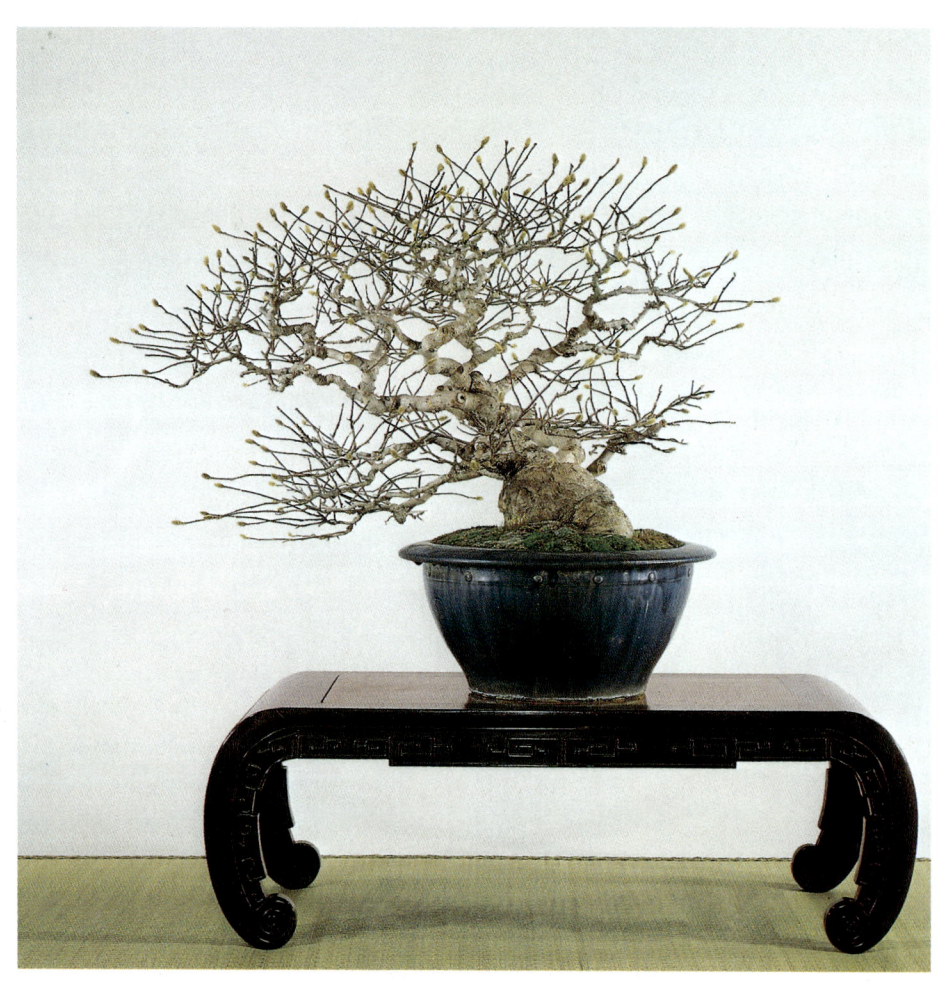

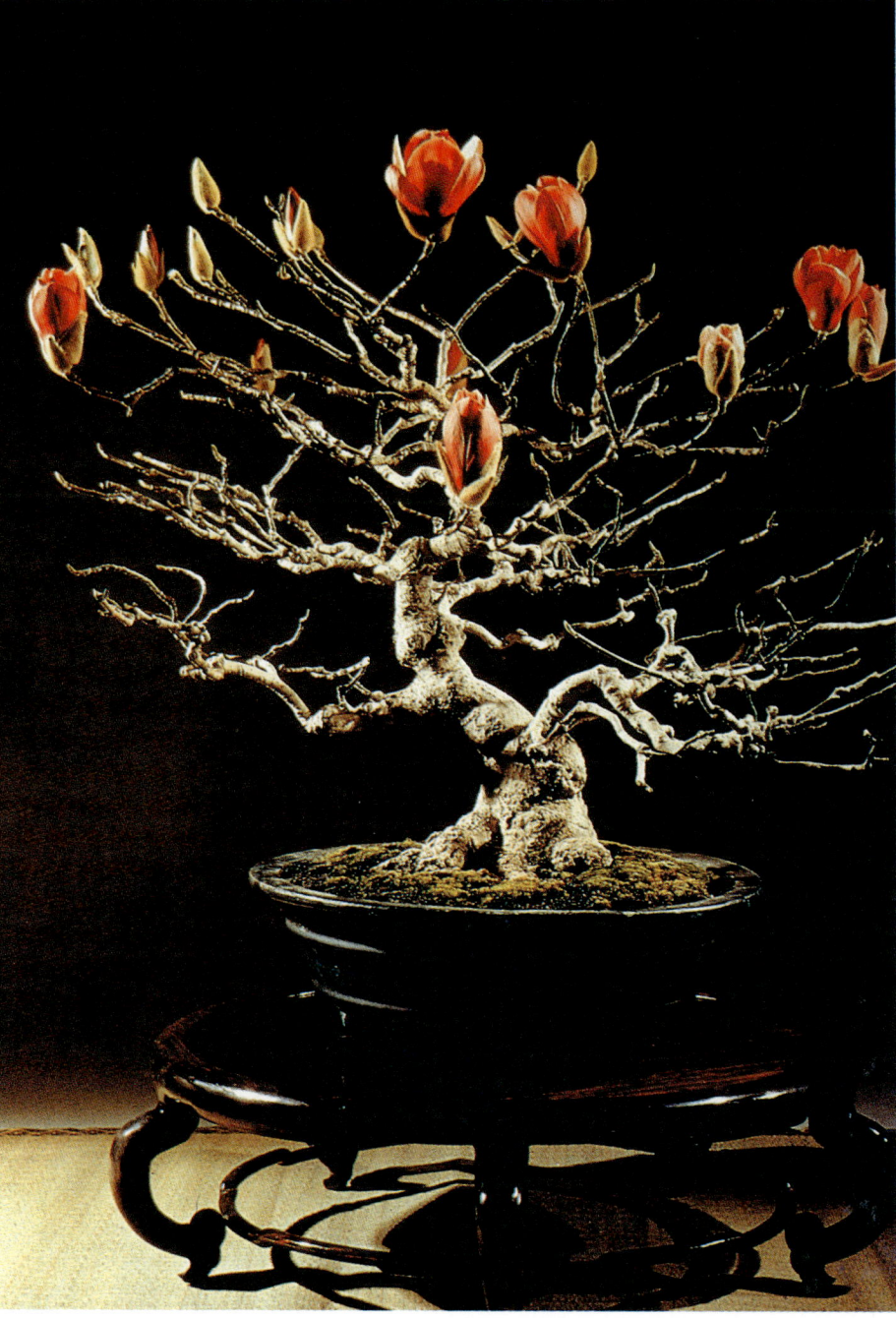

분재

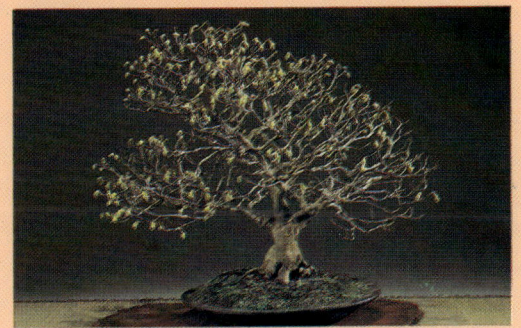

분재란 무엇인가 ?

　분재란 글자 그대로 얕은 그릇에 나무를 심어 가꾼다는 뜻이다. 분식(盆植)과 같이 단순히 식물 자체가 가지고 있는 아름다움 곧 잎이나 꽃, 열매 따위의 형태미를 관상하는 것과는 달리 분재는 분 위에 있는 초목을 보면서 자연의 풍경을 연상할 수 있다.

　다시 말해서 분재는 노거목의 수목미를 재현시키기 위해 수목을 얕은 분과 잘 조화시켜 심고 적절한 배양으로 이상적인 수목미를 연출시켜 감상하는 것이다.

분재의 예술성

　분재는 지식과 기술로 이루어진 단순한 기예(技藝)가 아니라 예술이라고 할 수 있다.

　예술의 의미를 사전에서 살펴보면 "예술은 인간의 정신적, 육체적 활동을 빛깔, 모양, 소리 등에 의하여 미적으로 창조 표현하는 일 또는 그것의 성과"라고 했다. 분재도 회화나 조각과 같이 자연 중에 있는 노수거목의 모습을 인간 정신의 심미적 활동으로 창조하는 것이라고 할 수 있다.

이와같이 분재는 살아 있는 소재를 반영구적으로 생육시켜 대자연
을 재현한다는 점에서 조각이나 회화에 못지않게 깊은 예술성을 지
닌다.

분재의 역사

동양 문화가 대부분 중국에서 비롯되었듯이 분재도 중국에서 시작
되었다. 역사 기록에 따르면 후한 시대부터 이천 년쯤의 역사를 가지
고 있다. 당나라 때에는 분재가 주로 궁정에서 진귀한 것으로 관상되
었으며 송나라 때에는 도자기의 발달로 분재가 더 성행했다. 명, 청
시대가 되면서 여러 가지 책자들이 발간되었고 도자기가 융성기를
맞아 분재분이 많이 생산되어 분재 문화가 꽃을 피우는 시기가 되었
다.

중국의 영향을 많이 받아 온 우리나라도 일찍부터 분재를 해 왔을
것으로 짐작되기는 하지만 아직 그 역사적인 기록을 찾기가 힘들다.

지금까지 발굴된 것을 살펴보면 고려 시대에 재상을 지냈던 이규
보가 쓴 「동국이상국집」에 분에 심은 초목에 대한 시 '가분중육영'
(家盆中六詠)이 있다. 그 뒤로 130 년쯤 지난 고려 말에 문장가 전녹
생이 남긴 '영분송'(詠盆松)이라는 시가 있고 분재를 수 놓은 고전
자수 병풍 '사계분경도'가 전해 오고 있다. 조선 시대에 들어와서는
세종 때의 명신 강희안이 남긴 「양화소록」이라는 책에 분재에 대한
기록이 많이 있다.

그 뒤로 한동안 침체되었던 분재가 칠십년대에 들어와서 우리나라
경제가 활기를 띠는 것과 더불어 발전하기 시작했다. 1984년에 사단
법인 단체인 한국분재협회가 생겼고 어디에서나 쉽게 분재와 만날

수 있게 되었다.

　세계 여러 나라 가운데 사십 여 나라에서 분재를 하고 있으며 특히 유럽과 미국에 많이 보급되어 있다. 우리나라를 통해 전해졌을 것으로 추측되는 일본의 분재는 오랜 세월을 두고 발전을 거듭하면서 과학적으로 체계화되고 대중화되었다. 일본은 지금 동양 문화의 하나로 분재를 전 세계에 전파하고 있으며 유럽에 연간 100만 주나 수출하여 많은 외화를 획득하고 있다.

　우리나라도 더 많은 분재 동호인이 생겨서 분재 생산이 활성화되고 기술 개발이 이루어져 세계의 분재 시장에 진출해야 할 것이다.

분재미의 구성 요소

　분재는 노수거목의 모습 또는 산야의 풍치를 분 위에 요약 축소해서 표현하는 것이 목표이므로 단순한 모방이나 축소가 아니라 보는 사람들에게 아름다움과 그 속에 들어 있는 자연의 생명을 느끼게 해야 한다. 그러기 위해서는 다음과 같은 요소가 갖추어져야 한다.

뿌리뻗음

　분재의 가치를 좌우하는 가장 중요한 요소인 뿌리뻗음은 흙 위로 노출된 뿌리가 비대생장(肥大生長)하여 길게 뻗어 있는 모습을 말한다. 수목은 어릴 때는 이 뿌리뻗음이 토양 속에 묻혀 있어 잘 나타나지 않지만 수령이 많아짐에 따라 뿌리뻗음이 나타난다. 좋은 뿌리뻗음이란 줄기 밑둥에서부터 굵기가 비슷한 4,5 개의 뿌리가 사방팔방으로 힘차게 뻗어 있는 것이다. 이러한 뿌리뻗음은 안정감을 주며 오랜 연륜이 쌓인 고태(古態)와 노거목의 모습을 나타나게 한다. 그러므로 분갈이나 분올림을 할 때에는 굵은 뿌리를 잘 노출시켜 심도록 해야 한다.

줄기

줄기는 분재수형(盆栽樹形)의 근본이다. 밑둥은 굵고 줄기 끝으로
갈수록 점점 가늘어져야 하며 줄기가 둥글어야 한다. 이것은 자연의
이치이면서 분재에서 가장 중요한 요소가 된다. 그렇지 않으면 아름
답지 않을 뿐더러 무미건조하고 심미감이 없다.

또 수령이 많아짐에 따라 줄기는 굵어지기 마련이며 굵어질수록
안정감과 웅대함 그리고 기품이 나타난다. 줄기는 나무의 높이와 가
지뻗음에 견주어 매우 굵어야 균형과 조화를 이룬다. 보통 분재 소재
로 급히 만든 정원수와 산채목은 긴 줄기를 잘라내어 나무의 높이를
낮춘 것이 많으며, 이러한 소재는 본격 분재로 만들어 가기가 무척
어렵다.

가지

가지의 방향, 수, 뻗음, 세력은 곧 나무 전체의 모습이므로 가지는
수형을 구성하는 데 중요한 요소가 된다. 수령이 많아짐에 따라 자연
히 가지의 수가 많아지며 또 가지 사이의 올바른 주종 관계도 성립된
다.

가지는 줄기에서 입체적으로 나와야 하며 줄기의 하반부에서 좌우
교차로 힘차게 뻗어 나온 것이 이상적이다. 그리고 굵기는 그 가지가
나온 줄기 직경의 1/2에서 1/3쯤 되어야 조화를 이룰 수 있다.

잎

분재에서 잎은 작을수록 좋으며 작은 나무가 거목으로 보이려면
잎이 작아야 한다. 아무리 좋은 수형으로 가꾼 분재라고 하더라도 잎
이 크거나 길고 생기가 없으면 아름다움을 망치고 만다.

좋은 엽성 곧 잎의 형태와 성질은 잎이 작고 짧으며 생기가 있고 기형인 것보다 정상적인 잎으로 그 나무의 개성을 잘 나타내야 한다.

잎의 빛깔은 낙엽수의 경우 화려하고 경박한 색보다는 네 계절의 변화가 뚜렷한 것이 좋고 상록수는 진한 녹색에 광택이 있는 것이 보기 좋다.

수관심 (樹冠芯)

수관심은 나무의 생명력을 상징하는 곳이다. 수관심의 모양과 방향에 따라 나무의 앞쪽이 결정되고 전체의 수형에도 영향을 준다.

어린 소재들은 세력이 줄기 끝으로 몰려와서 자꾸 키가 크므로 먼저 있던 수관심을 적당한 위치에서 잘라내고 옆가지를 세워서 수관심을 바꾼다.

꽃

상화분재(賞花盆栽)에서는 꽃이 중요한 위치를 차지한다. 그러나 단순히 꽃만 관상하는 것이 아니라 어디까지나 분재 속의 꽃을 감상하는 것이다. 꽃은 단정하고 품위가 있으며 빛깔이 너무 요란하지 않고 청초한 것이 좋다. 또 나무나 잎에 잘 어울릴 수 있도록 크기가 알맞아야 하며 맑은 향기가 풍겨 나오면 더 좋다.

열매

열매는 상과분재(賞果盆栽)의 관상 가치를 크게 높여 준다. 그러므로 아담한 정취를 느끼도록 하는 열매는 풍부한 형상과 빛깔을 갖추고 될 수 있는대로 오래 달려 있는 것이 좋다. 크기는 나무의 종류, 나이, 수세에 따라 다르지만 작은 열매는 많이 달리고 큰 열매는 대개 두세 개 달려 있는 것이 관상 가치를 높일 수 있다.

분재의 종류

분재에는 다양한 식물이 쓰이고 있으므로 분류하는 방법도 여러 가지이지만 주로 수종, 크기, 품질에 따라 나눈다.

크기에 따른 분류
분재는 크기에 따라 대분재, 중분재, 소분재, 소품분재로 나눈다.

대분재(大盆栽)　　나무의 높이가 66 센티미터에서 150 센티미터까지의 분재를 대분재라고 하며 주로 대형 건물의 현관이나 강당에 놓는다.

중분재(中盆栽)　　35 센티미터에서 65 센티미터까지이며 가정에서 많이 가꾼다. 중분재는 분재의 예술성을 가장 잘 표현할 수 있다.

소분재(小盆栽)　　16 센티미터에서 35 센티미터까지인 분재를 소분재라고 하며 소재를 생산하여 가꾸는 분재 가운데 여기에 속한 것이 많다. 경제적 부담이 적고 손쉽게 취급할 수 있어 가장 대중적인 분재이다.

소품분재(小品盆栽)　　나무의 높이가 15 센티미터 이하로 손바닥 위에 올려 놓을 수 있을 만큼 깜찍하고 작은 분재를 일컫는다. 우리의 생활 공간이 점점 좁아지면서 여러 개를 부담없이 진열할 수 있는 소품분재가 인기를 끌고 있다.

수종에 따른 분류
분재로 다루어지고 있는 수종은 130 종쯤 되는데 이 가운데 많이 쓰이는 것이 50 종쯤 된다. 이것을 관상하는 요소에 따라 나누면 다음과 같다.

송백분재(松柏盆栽) ─ 해송, 소나무, 금송, 섬잣나무, 노간주나무, 주목, 삼나무, 솔송나무, 진백

상엽분재(賞葉盆栽) ─ 참단풍, 당단풍, 소사나무, 느티나무, 느릅나무, 노각나무, 은행나무, 너도밤나무

상화분재(賞花盆栽) ─ 매화나무, 명자나무, 장수매, 목백일홍, 사쓰기, 철쭉, 수사해당, 벚꽃나무, 명춘화, 등나무, 애기라일락, 애기개나리, 치자나무, 금로매, 마취목, 단정화, 애기조팝나무, 인동덩굴, 찔레나무

상과분재(賞果盆栽) ─ 애기사과, 애기국광, 을녀, 모과나무, 감나무, 배나무, 왕보리수, 석류나무, 홍자단, 낙상홍, 으름덩굴, 산사나무, 남오미자, 한살뽕나무, 노박덩굴, 심산해당

수목분재(樹木盆栽)

산야초분재(山野草盆栽) ─ 복수초, 일엽초, 도깨비고비, 세뿔석위, 제비꽃, 비비추, 바위손, 노루귀

난초류분재 ─ 해오라기난초, 타래난초, 풍란, 석곡, 병아리난

초본분재(草本盆栽)

분재의 수형

분재는 수형에 따라 직간, 사간, 곡간류, 현애, 문인목, 쌍간, 총생간, 연근, 노근, 석부, 군식, 분경, 풍향수 들로 나뉜다.

직간(直幹)

줄기가 기울거나 휘지 않고 곧장 자라 올라간 것으로 자연 상태에서는 좀처럼 보기 힘든 수형이다. 그래서 표의수형(表意樹形)이라고 하며, 밑둥은 굵고 위로 갈수록 점차 가늘어진다. 줄기에 상처가 없어야 하고 그루솟음새가 좋아야 하며 뿌리뻗음도 팔방 뿌리뻗음이어야 한다. 수형이 이등변 삼각형일 때에는 무게있는 분을 선택하여 중앙에 심는다.

사간(斜幹)

자연적인 수형으로 해안가나 산등성이에서 흔히 볼 수 있다. 줄기가 나무 높이의 3/4쯤은 기울다가 1/4쯤은 바로 솟은 형이 이상적이며 기울어진 쪽의 가지가 많고 무거워 보이면 불안정하므로 가장 굵고 큰 가지는 기우는 쪽의 반대 방향으로 나와야 한다.

곡간류(曲幹類)

곡간류에는 곡간과 표준곡간과 반간이 있다.

곡간
유연하고 우아한 곡선미를 감상할 수 있는 곡간은 가장 일반적인 수형이다. 소나무류를 비롯하여 낙엽수에서 흔히 볼 수 있으며, 아래는 곡이 크게 들고 위로 올라갈수록 작은 곡이 든 것이 자연스럽다.

표준곡간
자연수형이 아닌 표의수형이며 잘 다듬어진 정원수에서 볼 수 있는 수형인데 항상 수관심이 나무의 중심에 있어야 한다. 어린 묘의 줄기와 가지에 철사걸이를 해서 만든다.

반간
고산 지대나 절벽 위, 암석 위에서 볼 수 있는 수형으로 오랜 세월 동안 풍설로 줄기가 심하게 굽틀어진 모습이다.

현애

분재에서 많이 이용되는 수형 가운데 하나인 현애는 심산의 절벽과 강변의 기암 위에서 볼 수 있는 자연수형이다. 수관심이 반드시 위로 향해야 하고 줄기의 굽은 모습이 여덟 팔자형으로 된 것이 이상적이다.

현애는 수관심의 위치가 분바닥보다 낮아야 하며, 반현애는 경사지에서 볼 수 있는 수형으로 줄기가 조금 경사지다가 도중에 갑자기 급경사를 이루는데 수관심의 위치는 분바닥보다 높다.

문인목

문인목은 특정한 수형이 없으며 회화적이다. 곧 경쾌하고 소탈하고 자유분방해야 하며 중량감과 인공미가 있으면 안 된다. 줄기와 가지가 굵은 것은 좋지 않고, 뿌리뻗음도 팔방보다는 기형인 것이 좋다. 분도 깊고 무게가 있는 것보다는 얕고 기형인 분이 더 잘 어울린다.

쌍간

줄기 두 개가 굵고 가늘게 조화를 이루는 자연수형이다. 두 줄기가 서로 어울려 전체 수형이 한 나무처럼 보여야 하고 작은 줄기가 뒤쪽에서 나온 것이 이상적이다. 그리고 될 수 있으면 줄기가 밑둥에서 갈라진 것이 좋으며 심는 위치는 굵은 줄기를 중심으로 해서 심는다.

총생간

한 뿌리에서 줄기가 여러 개 나와 있는 수형으로 단풍나무, 명자나무, 소사나무, 백일홍 같은 나무에서 쉽게 볼 수 있다. 줄기의 숫자는 홀수인 것이 자연스러우며 전체적으로 한 나무처럼 보이도록 한다. 줄기가 여러 개이기 때문에 대부분 가늘므로 되도록 얕은 분에 심어야 효과적이다.

연근

원시림 같은 지역에서 모진 비바람이나 폭설에 쓰러진 나무가 살기 위해 가지가 위로 자라 줄기로 변형된 것으로 자연수형이다. 뿌리 부분이 충분히 노출되도록 낮은 분에 심는데 명자나무, 진백, 노간주나무, 섬잣나무 들에서 많이 볼 수 있다.

노근

해안 모래땅의 노송이나 산의 경사지에서 풍우나 토사로 뿌리가 노출된 것으로 안정감과 함께 어려운 환경에서도 열심히 살아가는 강인한 생명력을 느끼게 한다. 노출된 뿌리의 멋이 잘 나타나도록 해야 하며 뿌리에 견주어 줄기와 지엽이 너무 무거워 보여서는 안 되고 얕은 분에 심는다. 장수매, 단정화, 사쓰기철쭉, 섬잣나무, 노박덩굴, 애기영춘화 따위로 많이 가꾼다.

석부

산악 지대, 계곡의 암상, 고도, 낭떠러지에 있는 수목을 연상하여 표현하는 자연수형이다. 석부 분재에는 뿌리가 돌을 감아 밀착되어 있는 노근석부와 입석과 평석에 나무를 심는 석상식이 있다. 석부에 사용하는 돌은 경질이며, 회색이나 검은색으로 자연스러운 것이 좋다. 가문비나무, 진백, 당단풍, 단풍나무, 애기조팝나무로 많이 가꾼다.

군식

나무를 여러 그루 심어 숲, 해안, 산등성이, 산야의 풍경을 묘사하는 것을 군식이라고 한다. 한 종류로 심는 것이 배양하기 쉽고 몇 가지 수종을 섞어 심을 경우에는 성질이 비슷한 것을 선택해야 한다. 심는 요령은 남는 공간이 많도록 하고 앞에서 보았을 때 줄기가 겹치지 않게 하며 앞쪽에는 큰 나무를, 뒤쪽에는 작은 나무를 심어 원근감이 잘 나타나도록 한다. 모든 나무는 서로 부등변 삼각형이 되도록 배열하고 홀수로 심는다. 분은 얕고 넓은 것을 선택한다.

분경

심산, 계곡, 호반, 산야와 같은 풍경을 묘사하는 분경은 직감적이며 종합미를 표현한다. 나무를 여러 종류 심되 배양 관리가 비슷한 것을 선택한다. 또 원근감이 잘 나타나도록 해야 하고 여백을 만들어 준다. 분은 얕은 타원형이나 사각형이 잘 어울린다.

풍향수

고산의 정상이나 강한 바람이 부는 해안 지대에서 볼 수 있는 수형

이다. 바람이 부는 대로 줄기나 가지가 한쪽으로 자라는 자연수형이
다.

분재 소재의 양성과 분

분재 소재를 직접 번식하여 사용하는 것은 매우 바람직한 일이며 분재에 대한 관심도 깊어질 수 있다.

번식 방법

분재 소재의 번식 방법에는 실생, 삽목, 취목, 접목이 있다.

실생

한번에 묘를 대량으로 생산할 수 있으며, 주로 상엽분재 소재의 생산에 이용한다. 실생으로 번식하는 수종은 해송, 느티나무, 느릅나무, 단풍나무, 당단풍나무, 소사나무, 은행나무, 검양옻나무, 너도밤나무 따위이다.

파종 시기는 평균 기온이 섭씨 10도가 넘는 3월 하순쯤이 알맞으며 집에서 취미로 하는 경우에는 나무 상자나 못쓰는 화분에 파종하는 것이 좋다. 파종 뒤 종자 위에 가볍게 복토를 한 다음 유리나 비닐로 덮어 준다.

파종상이 마르지 않도록 관수에 주의를 기울여야 하고, 본엽이 나오기 전에 잘 드는 면도칼로 뿌리 부분을 잘라내고 삽목하면 뿌리가 사방으로 잘 뻗은 우수한 소재를 얻을 수 있다.

삽목

삽목은 묘 생산에서 실생과 함께 가장 많이 이용된다. 이것은 전정이나 순치기로 버리는 가지나 줄기를 이용해서 훌륭한 소재를 얻는 방법이다.

삽목으로 번식되는 수종에는 주목, 가문비나무, 진백, 마취목, 치자나무, 사쓰기철쭉, 피라칸사, 홍자단, 낙상홍, 석류나무, 목백일홍, 보리수, 장수매, 명자나무류 따위가 있다.

삽목은 3월 하순에서 4월 초순 그리고 장마철로 접어 드는 6,7월에 하는데 수종에 따라 시기가 조금씩 다르다.

분을 이용한 삽상
대꼬챙이를 써서 5,6 센티미터 간격으로 나무를 꽂을 구멍을 만든다. (왼쪽)
45도 각도로 나무를 꽂고 주위의 흙을 눌러 준다. (오른쪽)

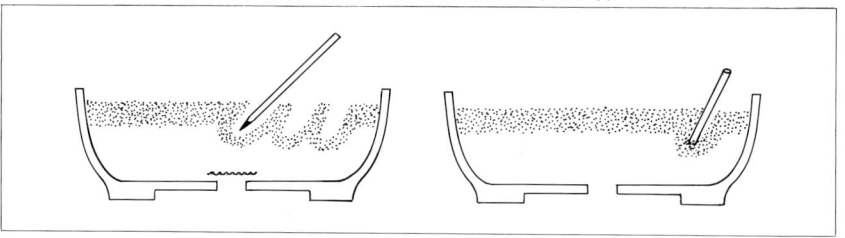

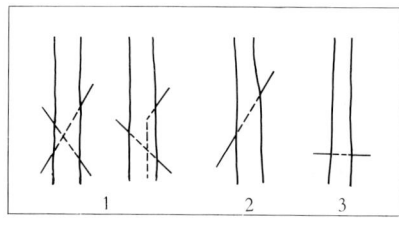

삽수 조제 방법
1 두 번 자른다. 가장 많이 쓰는 방법이다.
2 비스듬히 자른다.
3 수평으로 자른다.

봄 삽목은 묵은 가지를 삽수로 이용하는데 아직 온도가 낮기 때문에 삽상을 비닐로 씌워 주거나 따뜻한 곳으로 옮겨 온도와 습도를 높여 준다.

삽상에 쓰는 흙은 산모래, 모래, 황토, 퍼어라이트이다.

삽상의 깊이가 8에서 10센티미터쯤이면 바로 꽂고 이보다 얕을 경우에는 45도 각도로 비스듬히 꽂는다. 삽목 뒤에 충분히 물을 주고, 장마철 삽목의 경우에는 반그늘진 곳에 두고 엽수를 자주 해 주며 삽상이 건조하지 않도록 관수에 주의를 기울여야 한다.

삽수를 하는 요령은 잎이 크면 잎면적을 줄여 주고 삽상에 파묻힐 삽수의 아랫부분은 잘 드는 칼로 자른 다음 발근촉진제를 바른 뒤에 삽목을 하면 뿌리를 내리는 비율이 높아진다.

한 해 동안 잘 배양한 후 이듬해 봄에 옮겨 심는데 세 해에서 다섯 해쯤 지나면 소분재나 소품분재의 소재로 사용할 수 있다.

접목

다른 두 식물체를 조직적으로 결합시켜 새로운 생명체를 만들어 내는 번식 방법으로 상화분재와 상과분재에 많이 이용한다. 수종으로는 금송, 매화, 애기사과류, 등나무, 동백, 배나무, 감나무, 모과나무, 산사나무 따위가 있는데 하는 방법이 까다로워 초보자에게는 적당하지 않다.

초보자들이 쉽게 하는 방법으로 녹지접, 복접, 호접, 아접이 있다. 이 가운데 아접은 절접과 함께 소재 생산에 많이 이용된다. 절접은 주로 2월 하순에서 3월 중순 사이에, 녹지접은 6,7월, 아접은 9월에 실시한다.

접수는 나중에 감상 부위가 되므로 목적에 맞는 모수에서 채취하여야 하며 특히 모수의 선정이 중요하다. 대목은 접수와 친화성이 있는 것을 선택하는데 주로 2년생을 사용한다.

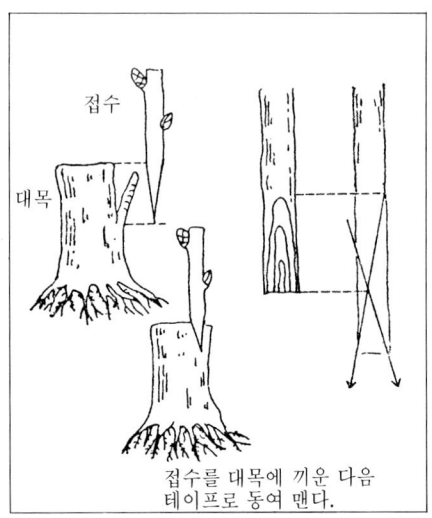

접수

대목

접수를 대목에 끼운 다음
테이프로 동여 맨다.

접수 조제 방법

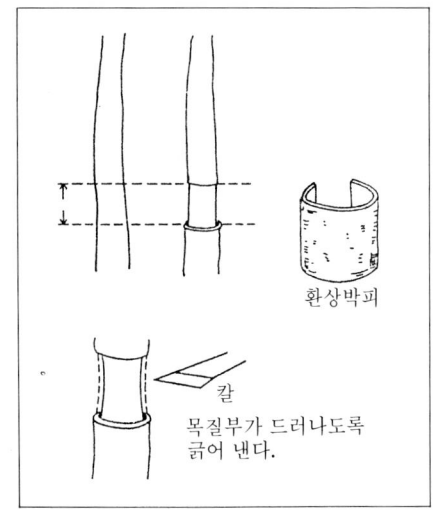

환상박피

칼
목질부가 드러나도록
긁어 낸다.

환상박피법

취목

취목을 하는 데에는 잘 드는 칼, 비닐, 수태, 끈 들이 필요하며,
시기는 장마가 시작되기 바로 전이 좋다.

취목은 환상박피법으로 하는데 뿌리를 내고 싶은 위치에 딱딱한
목질부가 드러나도록 껍질을 벗겨 낸다. 여기에 형성층이 조금이라
도 남아 있으면 뿌리가 나오지 않는다. 껍질을 벗긴 곳을 수태로 감
고 비닐로 싼 다음 아래 위를 끈으로 꽉 묶는다.

처음에 흰색의 뿌리가 나오는데 이것이 갈색으로 변하고 굵어지면
톱으로 잘라내어 분에 옮겨 심는다. 이 때 수태는 깨끗이 제거해야
하고, 나무가 흔들리지 않게 끈으로 묶어 주어야 한다.

취목은 어느 정도 수형이 잡힌 소재를 가장 빨리 얻을 수 있는 방
법이다. 또 취목으로 뿌리뻗음이 나쁜 나무, 그루솟음새가 나쁜 나
무를 교정하여 좋은 분재를 만들 수 있다.

분

분은 분토와 함께 분수(盆樹)의 생명을 유지시키고 조화와 기품을 자아내는 데 큰 역할을 하는 집과 같은 용기이다. 나무를 잘 어울리는 분에 심어야 비로소 분재로서의 품격이 갖추어진다.

그러므로 수형, 나무의 높이, 줄기의 굵기, 열매나 꽃, 단풍의 빛깔 들과 잘 어울리는 분을 골라야 한다.

분의 선택

분은 식물이 양분과 수분을 흡수하고 뿌리를 뻗으며 생장해 나가는 생활의 터전이므로 분을 선택할 때에는 다음의 몇 가지를 살펴보아야 한다.

첫째 모양이 물빠짐이 잘 되도록 만들어진 것, 둘째 분의 두께가 얇으며 분토가 많이 들어가는 것, 셋째 통기성이 좋은 것, 넷째 보수성이 좋은 것을 골라야 한다.

분의 종류

토분　점토를 정제하여 500도에서 600도로 구운 것을 토분이라고 한다. 토분은 보수와 통기성이 아주 좋아 식물의 생육에 가장 적합하므로 재배용으로 쓰인다. 모양이 좋지 않고 견고하지 않은 것이 단점이며 중부 지방에서는 겨울에 얼어서 터지는 수가 많다.

도기분　700도에서 1100도까지의 열로 굽는 도기분은 모양이 다양하고 보기 좋아 가장 많이 애용되고 있으며 감상분으로 쓰인다.

유약분　점토에 규석과 납석을 섞어 900도 이상으로 초벌구이를 한 다음 그 위에 유약을 바르고 다시 굽는다. 색상이 다양하다는 장점이 있으나 통기성은 좋지 않다. 수분이 많이 필요한 식물에 사용하는 것이 좋다.

자기분   점토에 규석, 납석과 샤모트 따위를 혼합하여 1200도의 고온으로 굽는다. 청자분과 백자분이 다 여기에 속한다.

플라스틱분   통기성과 흡수는 나쁘지만 다루기 쉽고 값이 싸기 때문에 주로 소재 재배에 사용된다.

유약분

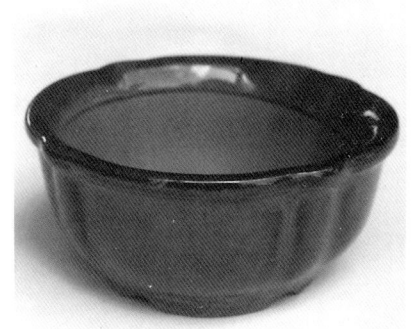

토분

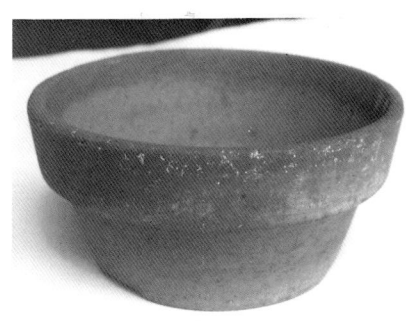

도기분

분의 형과 수형

얕은 타원분　군식, 분경, 총생간, 연근 같은 수형에 잘 어울리는데, 특히 길고 얕은 타원분은 군식과 분경에 사용된다.

장방분(직사각분)　직간, 사간, 표준곡간에 잘 어울리며 아주 얕은 것은 군식과 분경에 알맞다.

원분　상화분재와 상과분재에 잘 어울리며 줄기가 가늘고 키가 큰 수형에 적합하다.

정방분, 정사각분　반간이나 반현애에 잘 어울리며 아주 깊은 정방분은 현애에 쓰인다.

각분　육각분과 팔각분이 있으며 곡간류와 문인목에 사용된다.

분재의 용토

분재는 한정된 작은 용기 속에서 여러 해 동안 자라기 때문에 대지에서 자유롭게 뿌리를 뻗고 자라는 나무와는 그 환경이 전혀 다르다.
곧 작은 분 속에 담긴 적은 양의 토양이 대지와 같은 환경 조건을 오랫동안 유지시켜 줄 수 있어야 한다. 따라서 이 분토의 좋고 나쁨에 따라 분수(盆樹)가 직접적인 영향을 받는다. 때로는 분토가 고사(枯死)의 원인이 되기도 하므로 좋은 분토의 선택이 필요하다.

분토와 대지의 다른 점

대지는 식물 뿌리의 활동이 자유롭고 범위가 넓다. 또 가을이면 낙엽이 쌓여 그것이 식물에 필요한 영양분이 된다. 이러한 과정에서 토양이 부드러워지고 수분의 흡수와 공기 유통이 잘 되는 좋은 환경이 지속된다.

하지만 분재는 한정된 용기와 용토 속에서 생활해야 하고 뿌리의 환경은 점점 나빠지기 마련이다.

좋은 분토의 조건

첫째, 배수가 잘 되어야 한다. 식물의 뿌리는 공기 호흡을 해야 하는데 흙의 입자가 1 밀리미터 이하인 가루 흙을 사용하면 배수 불량으로 공기가 부족한 상태가 되며 산소의 결핍은 뿌리의 호흡을 곤란하게 한다.

둘째, 보수성이 좋아야 한다. 뿌리의 공기 호흡도 중요하지만 식물은 수분 없이는 생존할 수 없으므로 적당량의 수분이 유지될 수 있는 분토가 필요하다.

셋째, 균이 없고 활력이 있는 분토여야 한다. 한번 사용한 분토를 다시 사용해서는 안 되며, 땅 속 깊은 곳에서 파낸 분토가 좋다.

흙의 종류

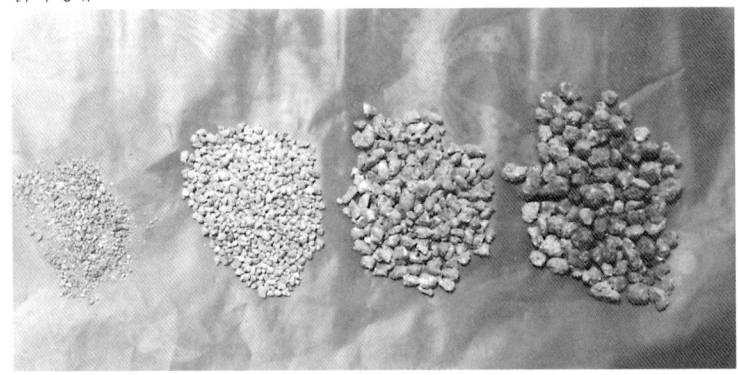

분토의 종류

산모래　화강암의 풍화사로 딱딱한 석영질이 많은 것은 배수가 너무 잘 되어 보수력이 없으므로 피한다. 1 밀리미터 이하의 가루 흙은 체로 쳐내고 굵기에 따라 삼등분하여 사용한다. 분재에 주로 사용하는 분토이다.

강모래　하류의 것은 모가 없고 둥글며 보수력이 좋지 않으므로 상류의 것을 사용하는데 석영질이 적은 것을 쓰도록 한다.

부엽토　낙엽을 썩인 흙으로 입자가 3 밀리미터에서 5 밀리미터인 것을 사용한다. 배수와 보수를 좋게 하므로 상엽분재나 상과분재에 20 퍼센트쯤 섞어 쓴다.

버미큘라이트　질석을 고온처리하여 팽화시킨 것으로 통기성과 보수성을 좋게 한다. 삽목용토, 대분재, 물을 좋아하는 수종, 단지에서 소재 재배 때에 사용하면 좋다.

분재의 배양 관리

분재의 배양과 관리에는 여러 가지 작업이 뒤따른다. 곧 분올림과 분갈이, 정형과 정자, 철사걸이, 관수, 시비, 병충해 방제 들을 해 주어야 한다.

분올림

땅에서 배양된 소재를 처음으로 분에 심는 것을 분올림이라고 한다. 낙엽수는 낙엽이 진 뒤에 파내어 분에 심을 수 있도록 뿌리를 정리하여 조금 깊이 가식해 두었다가 3월 중순에서 4월 상순 무렵 발아전에 심는다. 상록수는 눈이 움직일 무렵에 실시한다.

분올림 요령은 다음과 같다. 첫째, 밭흙을 물로 깨끗이 씻어 완전히 없앤다. 둘째, 가장 중요한 것은 뿌리 손질인데 곧은 뿌리(直根)는 될 수 있는 대로 줄기 밑까지 바싹 잘라 준다. 굵은 뿌리는 가장 긴 것이 분 벽에서 1 센티미터쯤 떨어지도록 자르고 잔뿌리는 그대로 말아서 분에 넣는다. 셋째, 뿌리뻗음이 잘 나타나도록 굵은 뿌리는 노출시켜 심는다.

분갈이

분에서 배양되고 있는 분수를 해마다 혹은 두 해에서 네 해마다 분토로 갈아 심는 것을 분갈이라고 한다. 분재는 제한된 용기 안에서 생육이 강요되므로 분에 심어서 몇 해가 지나면 뿌리가 분 안에 꽉 차서 새뿌리가 자랄 수 없게 된다.

또 관수로 분토가 잘게 부서져 전체적으로 굳어지고 물과 공기의 유통이 잘 이루어지지 않아 뿌리가 자라는데 나쁜 환경이 된다. 곧 수분과 양분의 흡수가 충분하지 못하여 여러 가지 생리적인 장애가 발생하게 되고 이에 따라 뿌리가 점점 쇠약해지고 심하면 말라 죽는다. 그렇기 때문에 분갈이를 해 주어야 한다.

보통 배수가 잘 안 되면 분갈이를 해야 할 시기로 보는데 분의 크기, 수종, 나무의 세력에 따라 그 시기가 달라진다. 송백류의 어린 나무는 두 해마다, 성목은 세 해에서 다섯 해마다 해 주고, 낙엽수류는 어린 나무일 경우에는 해마다, 성목일 때에는 두 해마다, 노목일 때에는 세 해마다 분갈이를 해 준다. 분갈이는 나무의 종류와 그 지방의 기후에 따라 하는 시기가 다르다. 송백류 가운데 섬잣나무는 4월 초순에서 중순이 적기이며 해송은 새 눈이 움트기 시작할 때부터 늦어도 5월 상순까지는 끝내야 한다. 또 삼나무와 노간주나무는 5월 중순이나 하순이 적기이다. 낙엽수류 가운데 이른 봄에 꽃이 피는 수종은 꽃이 지고 난 뒤에 해 주고 나머지는 눈이 움트기 바로 전이 적기이다. 단지 명자나무와 장수매는 뿌리혹병 때문에 봄 분갈이는 피하고 가을에 해 주는 것이 좋다.

분갈이를 할 때에는 줄기의 형태가 가장 아름답고 뿌리뻗음이 좋으며, 줄기의 곡이 안으로 굽은 쪽이 정면이 되도록 한다. 수관은 약간 앞으로 기운 쪽으로 하는 것이 좋다. 또 줄기의 중심을 옆에서 보았을 때 중앙선 바로 뒤쪽에, 앞에서 보았을 때에는 좌우의 3대 7 혹은 4대 6이 되는 곳에 심는다. 분갈이 할 분은 그 전날 물주기를 하지 않는다. 분갈이를 할 때에는 우선 분 가장자리를 주먹으로 두세 번 두들겨서 나무를 뿌리째 뽑아 낸다. 그런 다음 분토와 뿌리를 대꼬챙이나 갈퀴로 털고 훑어내는데 이 때 잔뿌리가 상하지 않도록 주의해야 하며, 엉킨 뿌리는 빗질하듯 훑어내린다. 먼저 뿌리분을 1/3에서 1/2쯤 턴 뒤에 잘 드는 가위로 자른다. 그리고 뿌리뻗음을 교정시킨다. 분수에 어울리는 분을 선택하여 배수구에 망을 깔고 나무를 고정시킬 철사를 건다. 여기에 1호토(굵은 분토)를 1/5쯤 넣고 2호토(중간 굵기)를 나무를 심을 위치에 수북이 쌓는다. 그 위에 분수를 올려 놓고 좌우로 흔들면서 뿌리를 밀착시킨다. 뿌리가 흔들리지 않도록 철사로 고정시킨 다음 분토를 4/5 정도 넣고 대꼬챙이로 뿌리 사이사이에 분토가 잘 들어가도록 밀어 넣는다. 마지막으로 화장토를 채운 뒤에 분 가장자리를 눌러 주고 배수구멍에서 물이 많이 흘러 나올 때까지 물주기를 충분히 한다.

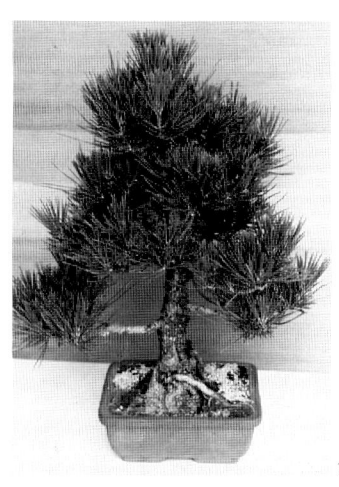

1

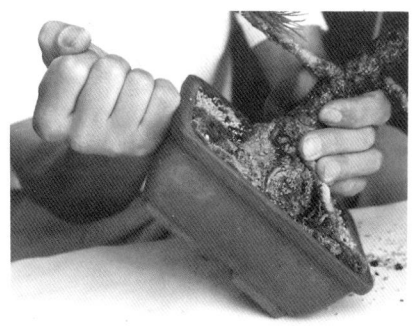

2

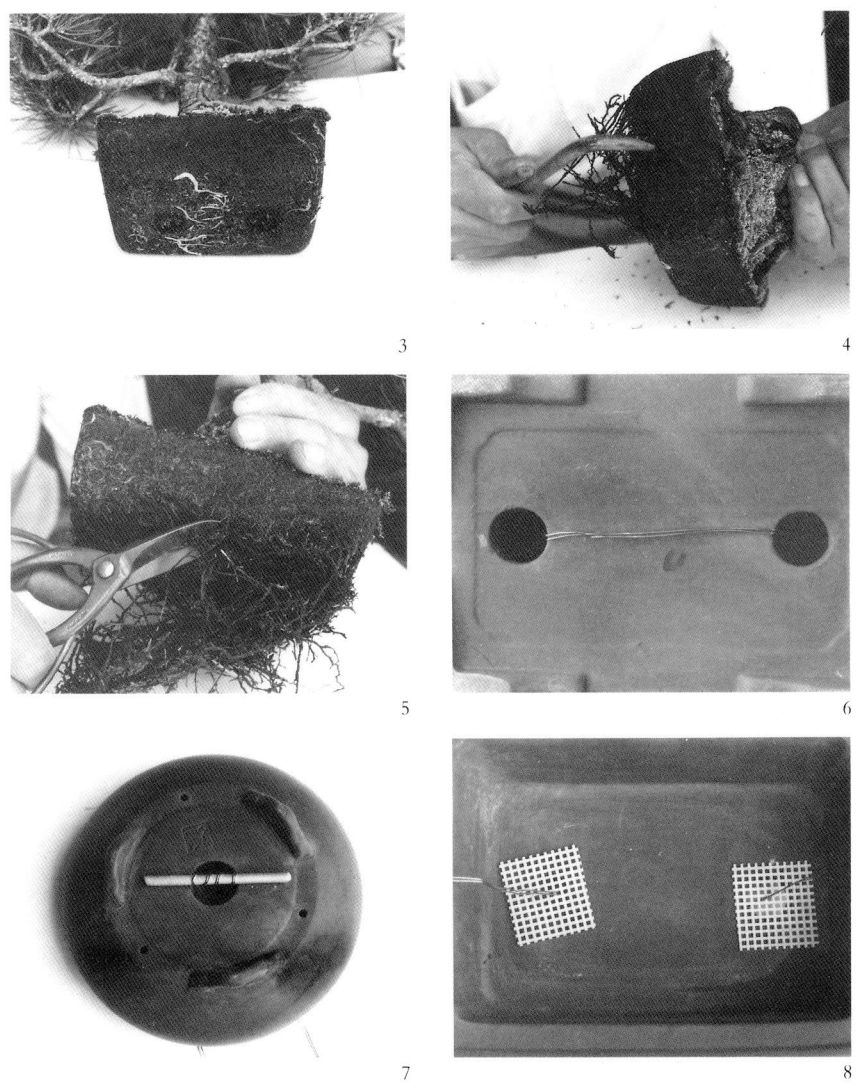

분갈이 1 분갈이를 할 분은 전날 관수를 하지 않는다. 2 분벽을 친다. 3 분에서 나무를 뽑아
낸다. 4 갈퀴로 엉킨 뿌리를 훑어 낸다. 5 가위로 뿌리를 잘라 낸다. 6 나무를 고정시킬 철사
를 건다. 7 배수구멍이 하나인 경우에는 굵은 철사를 지주로 해서 철사를 건다. 8 망을
깐다.

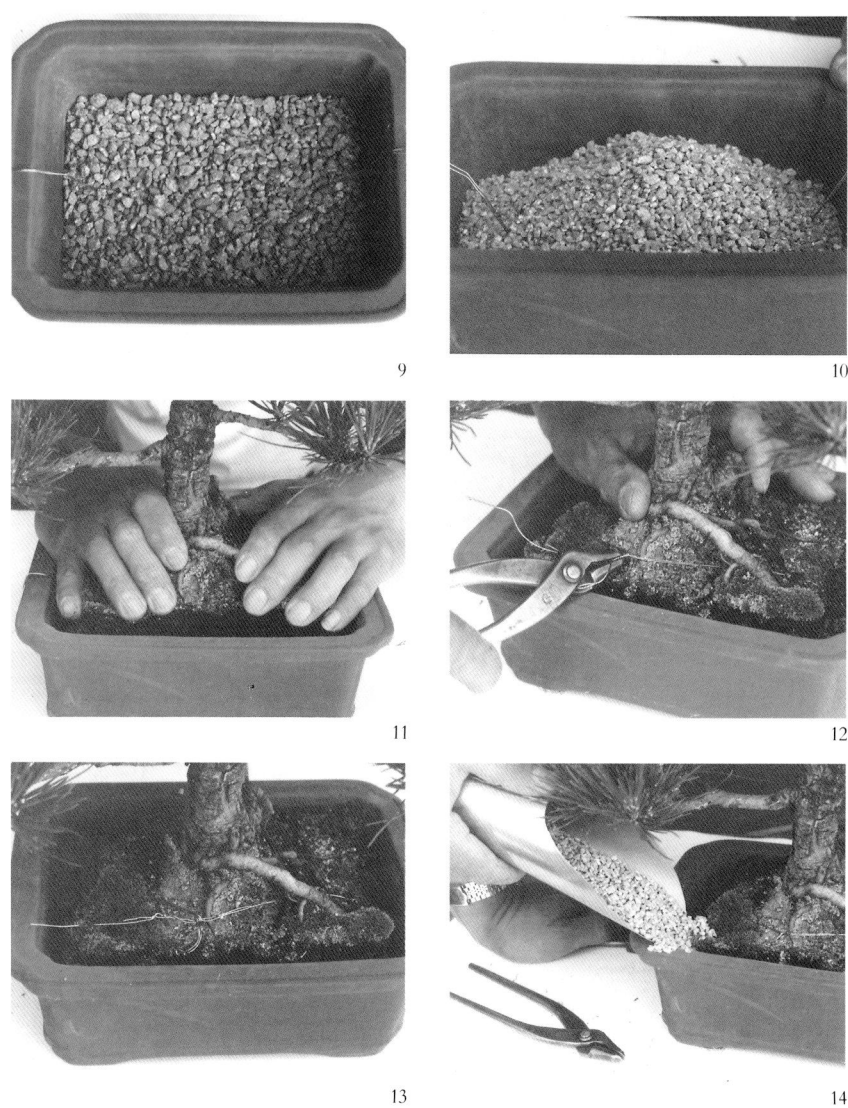

9

10

11

12

13

14

9 1호토를 화분 높이의 1/5쯤 넣는다. 10 나무를 심을 위치에 2호토를 수북이 쌓는다. 11 나무를 좌우로 흔들면서 위치를 정확하게 잡는다. 12 나무가 흔들리지 않게 철사로 묶는다. 13 철사로 묶은 다음의 모습이다. 14 2호토를 넣는다. 15 대꼬챙이로 분토를 잘 밀어 넣는다. 16 화장토를 넣는다. 17 흙손으로 가장자리를 잘 다져준다. 18 솔로 분토 표면을 잘 정리한다. 19 배수구멍에서 맑은 물이 나올 때까지 관수를 충분히 한다. 호스에 노즐을 끼워서 관수를 하고 있다.

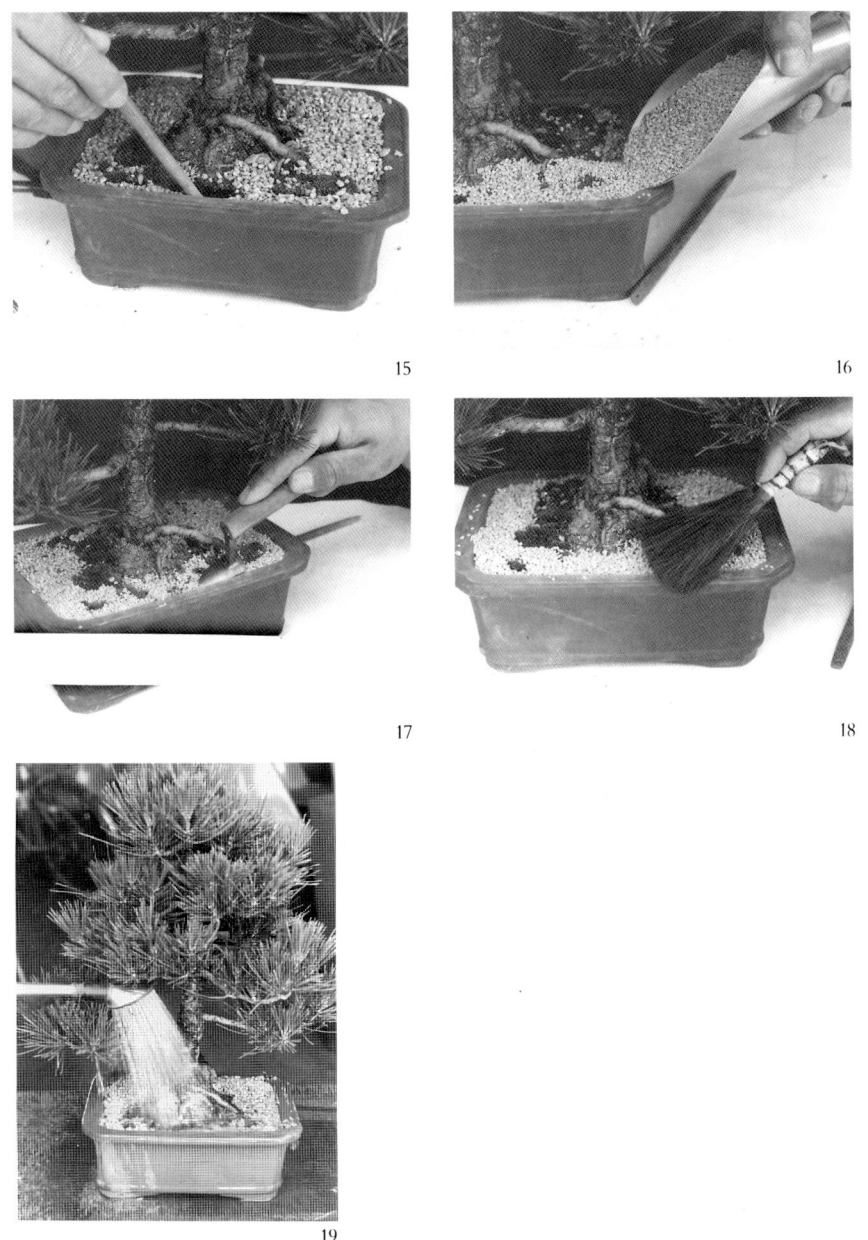

15

16

17

18

19

정형(整形), 정자(整姿)

꺼리는 가지와 꺼리는 수형은 정형과 정자를 해 주어야 한다.

꺼리는 가지
　이는 통일과 조화의 미를 저해하기 때문에 보는 사람에게 불쾌감
을 준다. 식물의 균형있는 생장을 위해서는 꺼리는 가지를 교정하거
나 없애 아름다운 수형으로 가꾸어야 한다. 꺼리는 가지로는 다음과
같은 것이 있다.

　평행지(平行枝)　　줄기의 한 곳에서 가지 두 개가 한꺼번에 나
와 경쟁하듯 뻗어 있는 것을 평행지라고 한다. 줄기에서 직접 나오는
가지 곧 주지(主枝)는 한 곳에서 하나만 나와야 자연스러우며, 자연
의 노목에서는 이러한 평행지를 볼 수 없다.

　교차지(交叉枝)　　두 개의 가지가 서로 엇갈리게 난 것을 교차
지라고 하는데 아주 부자연스럽고 보기 흉하므로 철사걸이를 하여
교정하거나 잘라낸다.

　마주나기가지　　줄기의 같은 자리에서 좌우 혹은 앞뒤로 가지
가 서로 마주 나와 있는 것을 마주나기가지라고 한다. 이 가지를 그
대로 두면 그곳이 굵어져 줄기선의 흐름이 나빠지므로 다른 가지와
의 조화를 고려하여 한 가지는 빨리 잘라낸다.

　중복지(重複枝)　　줄기에서 나온 아래 위의 가지가 나란히 가
깝게 나와 있는 것을 중복지라고 한다. 이 때 아랫가지는 햇빛을 제
대로 받지 못해 세력이 약해지고 결국 말라 죽게 되므로 가지의 간격

을 고려해서 하나는 잘라낸다.

앞가지(前出枝)　　나무의 정면에서 볼 때 앞으로 뻗어 나온 가
지를 앞가지라고 하는데 관상하는 사람에게 위압감을 주고, 줄기의
형태와 주지의 뻗음을 볼 수 없다. 따라서 줄기의 끝부분은 짧게 나
오게 하고 아랫부분은 없애도록 한다.

역행지(逆行枝)　　가지는 줄기를 중심으로 해서 밖으로 뻗어
나가야 하는데 간혹 줄기 쪽으로 자라는 가지가 있다. 이러한 역행지
는 일조와 통풍을 방해하고 미관상 좋지 않으므로 필요에 따라 교정
을 하거나 없앤다.

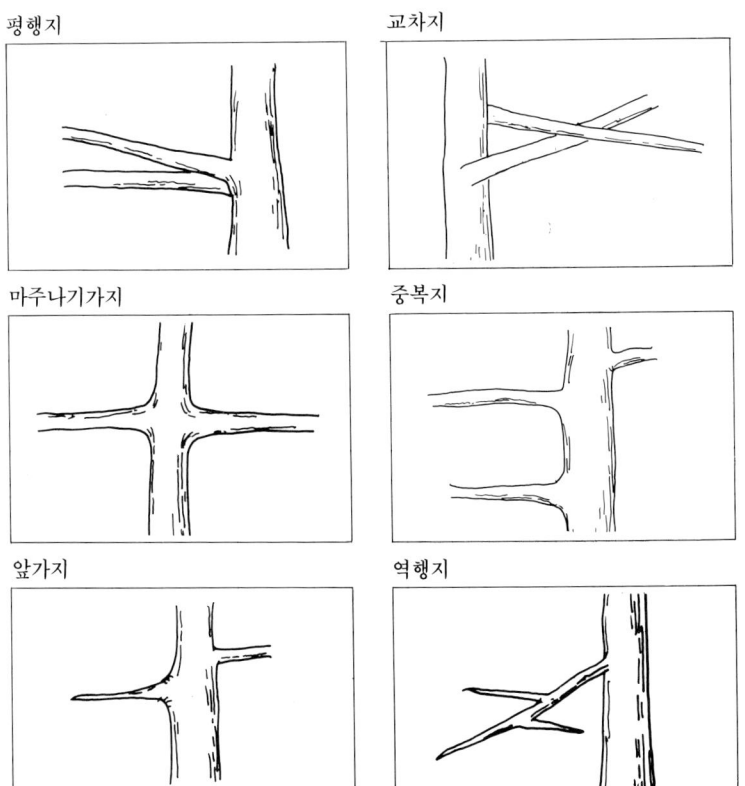

평행지　　　　　　　　　　　교차지

마주나기가지　　　　　　　　중복지

앞가지　　　　　　　　　　　역행지

돌려나기가지(바퀴살가지)　　줄기의 한 위치에서 가지 여러 개가 바퀴살 모양으로 사방으로 뻗어 나온 것을 돌려나기가지라고 한다. 이 가지를 오랫동안 그대로 두면 가지가 나온 부위가 혹처럼 굵어져 나중에는 보기가 흉하게 되므로 일찍 없애야 한다. 가지 한 개만 남기고 다른 가지는 전부 잘라낸다.

상향지　　상향지는 주지에서 위로 수직에 가깝게 뻗은 가지이다. 이 가지는 대부분 웃자람이 심해 다른 가지의 발육을 저해하고 보기도 흉하므로 생기자마자 바로 없애야 한다.

하향지　　주지에서 아래를 향해 나온 하향지는 보기에 좋지 않고 통풍과 일조를 방해하므로 빨리 없앤다.

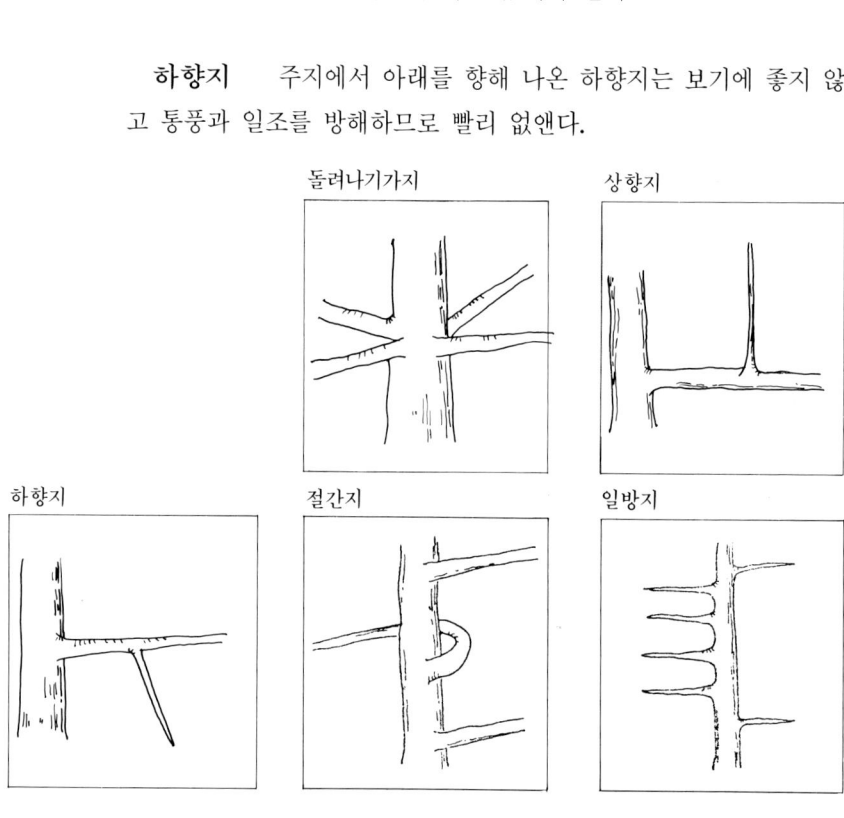

돌려나기가지　　　　상향지

하향지　　　　절간지　　　　일방지

절간지　　줄기를 가로질러 뻗어 나온 것을 절간지라고 하는데 미관상 좋지 않다. 가지가 필요한 곳이면 철사걸이로 교정을 해서 이용할 수 있다.

일방지　　가지는 줄기를 중심으로 해서 전후좌우로 뻗어 나가야 하는데 가지가 한 방향으로만 나와 있는 경우가 있다. 분재에서 주지는 반드시 좌우교차로 나와 있어야 바른 분재가 될 수 있으므로 이러한 것은 군식용 소재나 풍향수 소재로 활용해야 한다.

꺼리는 수형

수관심이 없는 수형　　나무의 생명력을 상징하는 줄기의 끝부분이 없는 것으로 맨 끝에 나온 가지를 세워 수관심을 만들어야 한다. 송백분재에서는 사리(舍利)를 수관심으로 하기도 한다.

파상곡선이 든 수형　　줄기나 가지에 철사를 걸어 파도 모양으로 곡(曲)을 무리하게 많이 넣어 만든 것이다. 자연스럽지 못하고 인공적인 느낌이 들기 때문에 결코 좋은 수형이 될 수 없다.

U자형 쌍간　　쌍간은 두 개의 줄기가 갈라지는 각도가 예각인 것이 가장 이상적이므로 V자형이나 L자형으로 교정하면 자연스럽게 보인다.

우수간　　총생간, 군식, 분경 따위에서 줄기의 수가 열 개 이하일 때에는 반드시 삼, 오, 칠 홀수로 심어야 자연스럽다.

일방근　　뿌리가 한쪽으로 발달되어 있는 것을 말하는데 이것은

뿌리뻗음이 나쁘므로 취목 같은 방법으로 교정하거나 군식의 소재로
사용한다.

줄기의 등이 정면인 수형   분재는 반드시 정면이 있는데 곡
간(曲幹)의 경우 정면을 정할 때 첫번째 곡(曲)이 안쪽으로 굽어야
한다. 줄기의 등이 정면인 수형은 관상하는 데 거부감을 주므로 정면
을 바꾸거나 고쳐 나가도록 한다.

배에서 가지가 나온 수형   철사걸이를 하여 곡간을 만드는
경우 이러한 수형이 나오기 쉽다. 가지는 등에서 나와야 자연스럽고
식물의 생리에도 맞으므로 철사걸이를 할 때에 잘 조절해야 한다. 그
래도 배에서 가지가 나오면 없애는 편이 낫다.

파상곡선이 든 수형

수관심이 없는 수형

U자형 쌍간

우수간

일방근

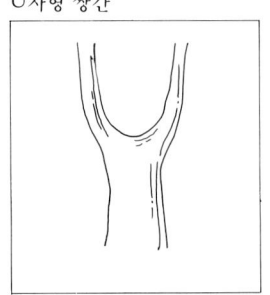

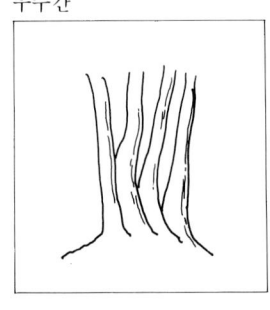

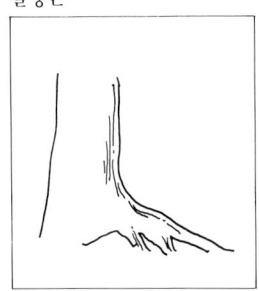

줄기의 등이 정면인 수형

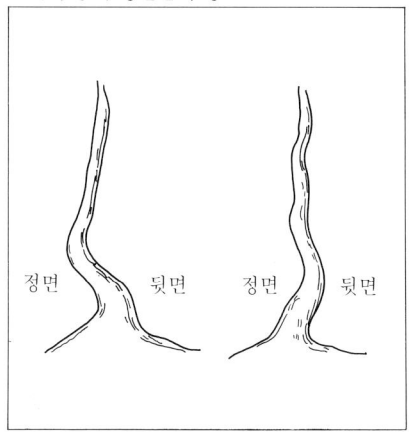

정면   뒷면   정면   뒷면

배에서 가지가 나온 수형

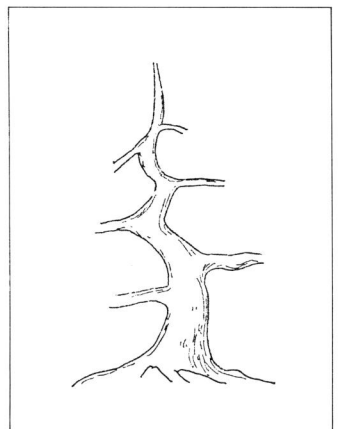

식물의 생장과 정지

식물의 세력은 줄기 끝 쪽이나 가지 끝 쪽으로 몰리게 된다. 그리고 한가지에서도 맨 끝에 있는 눈의 세력이 가장 강하고 아래로 내려올수록 약해진다. 또 가지가 나오는 각도에 따라서도 세력이 달라진다. 곧 수직으로 나오는 것이 가장 강하며 수평으로 갈수록 약해진다. 그래서 순치기나 가지치기를 할 때 다음에 나올 가지의 방향과 위치를 살펴서 잘라야 하며 되도록이면 가지가 수평으로 나오게 해야 한다.

정지의 목적

식물을 정지하지 않고 그대로 두면 나무 전체의 세력 차이가 심하게 되어 강한 가지는 더 강하게, 약한 가지는 더 약하게 되며 심지어는 말라 죽기까지 한다. 또 분재에서 아랫가지가 가장 굵고 긴 것이 보기 좋고 위로 올라갈수록 가늘고 짧아야 좋은 가지 배열이 될 수 있기 때문에 순치기, 가지치기 같은 방법으로 조절해 나간다.

전정(剪定)의 효과

전정은 줄기나 가지를 자른 것만큼 수형이 작아진다. 또 가지를 잘라내면 광합성으로 생성되는 탄수화물의 양이 줄어드는 한편 새 가지가 많이 나와 영양이 소모되고 분산되므로 자연히 생장이 억제된다.

그와 함께 전정의 더 큰 효과는 잔가지를 많이 발생시키고 웃자람을 방지해서 노목다운 모습을 만들어 가는 데에 있다.

전정의 실제

눈따기　배양 중인 어린 소재나 산채목, 혹은 부정아(不定牙)가 잘 나오는 나무는 필요없는 곳에 나오는 눈을 일찍 없앤다. 이 눈은 웃자라기 쉬우며 수형을 흐트러지게 하므로 발생하자마자 바로 없애는 것이 좋다. 일찍 없애지 않고 그대로 놓아 두면 자란 만큼 영양분이 손실되고 줄기에 상처를 주게 된다.

부정아는 목백일홍, 명자나무, 소사나무, 매화나무, 애기사과류, 해당 같은 나무에서 잘 발생한다. 특히 매화나무는 가지의 기부에서 부정아가 잘 나오며 이것을 그대로 두면 웃자라거나 본디의 가지가 말라 죽기도 한다.

순따기　새순이 아직 굳어지지 않고 연약할 때 손끝이나 핀셋으로 순을 따는 작업을 말한다. 해송, 소나무, 섬잣나무는 새순의 잎이 1,2 밀리미터쯤 나왔을 때 순따기를 하는데, 강한 것은 2/3, 중간은 1/2, 약한 것은 1/3 쯤 따낸다. 노간주나무, 솔송나무, 가문비나무, 주목 들도 새순의 잎이 완전히 펴지기 전에 해송과 같이 순의 강약에 따라 순따기를 한다.

진백은 새순이 올라오는 대로 손끝으로 뽑는데 가위로 자르면 나중에 잘린 끝이 갈색으로 변해 보기 흉해진다. 단풍나무, 당단풍나무, 너도밤나무, 애기노각나무 들의 완성수도 잎이 벌어지기 전에 핀셋으로 따낸다.

순집기　주로 매화나무에서 새순의 신장을 억제하고 꽃눈을 잘 형성시키기 위해 하는 작업이다. 새순의 끝을 손끝으로 눌러 생장점을 파괴하는데 이 때 너무 세게 눌러 순이 잘리면 다시 새순이 나오기 때문에 꽃눈 형성은 전혀 안 된다.

순치기, 가지치기　새순이 완전히 굳어지기 전에 곧 새순이 한창 자라고 있을 때 자르는 것을 순치기라고 하며, 생장이 완전히 멈춘 가지를 자르는 것을 가지치기라고 한다.

이 작업은 잔가지의 수를 늘리면서 수형을 가꾸어 가는 가장 좋은 방법이다. 순치기와 가지치기를 할 때 남는 가지의 끝눈이 2차 가지의 방향이 되므로 눈의 방향을 잘 살펴서 작업을 해야 하며 될 수 있으면 수평으로 2차 가지가 나오도록 한다. 가지를 잘라서 수형을 아름답게 가꾸는 것도 중요하지만 가지를 자를 때에는 바른 위치에서 정확하게 잘라 가지가 의도한 대로 나오게 하고 또 잘린 부위가 상처 없이 깨끗하게 빨리 아물도록 해야 한다.

가지치기를 할 때에는 수평이나 아래에 있는 눈은 남겨 두고 눈 위의 2 밀리미터쯤에서 45도로 자른다. 줄기에서 나온 가지나 굵은 가지를 잘라낼 때에는 평면으로 하지 않고 홈을 파듯이 자른다. 평면으로 자르면 상처가 아물면서 혹처럼 튀어 나오지만 홈이 파지면 상처가 아물면서 평면이 된다.

단풍나무류는 굵은 가지를 자를 때에 처음부터 가지를 완전히 없애지 않고 2,3 센티미터쯤 남겨 두고 자른다. 그러면 남겨 둔 가지 바로 아래서 새순이 나오는데 이 새순이 자란 다음 남겨 둔 가지를 홈을 파듯이 제거하면 상처가 깨끗이, 빨리 아물게 된다.

또 소나무류에서도 담배 굵기보다 굵은 가지를 자를 때에는 2,3 센티미터쯤 남겨 놓은 다음 껍질을 벗겨 주면 두세 해 지난 뒤에는 남긴 가지가 자연히 떨어져 나가 상처의 표시가 별로 남지 않는다.

매화나무, 동백나무, 단풍나무, 벚나무 들을 가지치기 할 때 특히 주의할 점은 자른 자리로부터 2,3 밀리미터 말라 들어가는 수가 있으므로 새순이 될 눈을 보호하기 위해 눈에서 4,5 밀리미터쯤 위로 자르는 것이 좋다.

잎따기　　주로 상엽분재에서 실시하는 작업으로 잔가지를 많이 나오게 하고 잎을 작게 하며 햇빛을 잘 못 받는 가지의 생장을 도와 준다.

느티나무, 참느릅나무, 당단풍, 산단풍, 소사나무, 너도밤나무, 애기노각나무 들과 같이 수세가 강한 수종에 실시하며, 시기는 6월 중순쯤 잎이 완전히 자랐을 때 하는 것이 좋다.

잎따기 할 때에는 다음 몇 가지를 주의해야 한다.

첫째, 나무의 세력이 약한 것과 분갈이 바로 뒤에는 하지 않는다. 둘째, 눈을 상하게 하면 새순이 나오지 않으므로 잎자루는 남겨 놓아야 한다. 셋째, 느티나무, 소사나무와 같이 잎자루가 짧은 나무는 잎을 1/5쯤 남기고 자른다. 넷째, 잎따기를 할 나무는 봄부터 시비를 잘 해서 나무의 세력을 충분히 올려 놓는다. 다섯째, 잎따기 한 나무는 관수를 줄이고 새잎이 나오기 시작할 때 반드시 햇빛이 잘 드는 곳에서 관리해야 한다.

뿌리의 전정　　뿌리는 식물이 생존하는 데 가장 중요한 부분일

뿐만 아니라 관상면에서도 가장 중요하다. 대지를 움켜쥐듯 사방팔방으로 힘차게 뻗은 뿌리뻗음에서 안정감과 함께 노목의 웅장함을 느낄 수 있다.

그러므로 분갈이, 분올림을 할 때 뿌리뻗음이 잘 나타나게 심어야 하고 좋은 뿌리뻗음을 만들기 위해서는 묘목을 배양할 때부터 주의를 기울여야 한다.

뿌리의 손질 요령은 다음과 같다.

첫째, 직근은 줄기 밑까지 바싹 자르고 측근의 발육에 힘쓴다.

둘째, 뿌리의 층은 한 층이 되게 하고 잔뿌리의 배양에 힘쓴다.

셋째, 뿌리 곧 뿌리뻗음을 만드는 뿌리를 자를 때에는 되도록이면 길게 그리고 잘린 단면은 반드시 아래로 향하도록 한다.

넷째, 굽은 뿌리와 안으로 뻗은 뿌리는 철사걸이를 하여 고정시킨다.

다섯째, 다른 뿌리와 견주어 훨씬 더 굵은 뿌리는 뿌리를 반으로 나누어 두 개로 만든다.

철사걸이

가지나 줄기에 철사를 걸어서 수형을 교정하거나 새로운 수형으로 만드는 것을 철사걸이라고 한다.

철사걸이는 비교적 짧은 시간 안에 구상했던 수형으로 만들 수 있지만 인공적이며 부자연스럽게 되는 수가 있고 무리한 교정이나 기술의 부족으로 가지나 줄기를 부러뜨리는 수도 있다. 또 작업이 서툴고 조잡하면 철사가 수피를 파고들어 흉터가 생기고, 철사풀기를 게을리하여 오래 방치하면 수피에 철사가 파고들어 흉터가 생기는데 이 흉터는 잘 아물지 않고 오래 남아 있으므로 보기 흉하다.

철사의 종류와 굵기

송백류는 나무 자체가 단단하므로 동선을 사용해야 하고, 낙엽수와 철쭉류는 알루미늄 철사를 사용하는 것이 적당하다. 동선이나 알루미늄 철사는 모두 열처리를 하여 잘 휘어지는 것을 사용하는 것이 좋다.

철사의 굵기는 교정해야 할 곳의 굵기에 따라 달라지는데 표준은 다음 표와 같다.

가지굵기	알루미늄선(호수)	굵기	동선(호수)	굵기
3cm	6	5.0mm	8	4.0mm
2cm	8	4.0mm	10	3.2mm
1cm	10	3.2mm	12	2.6mm
0.8cm	12	2.6mm	14	2.0mm
0.5cm	14	2.0mm	16	1.6mm
0.8cm	16	1.6mm	18	1.2mm
0.2cm	18 — 20	1.2—0.9mm	20	0.9mm

철사걸이의 요령

가위로 정지하는 것과는 달리 철사걸이로 하는 교정은 인공적이며 부자연스럽게 되는 경우가 있으므로 무리하지 말고 자연스럽게 교정하는 것이 중요하다.

수형 구상　먼저 수형을 구상한 다음 구상한 수형대로 단번에 교정해야 한다. 수형의 구상도 없이 여러 번 휘게 되면 가지가 마르거나 보기 흉한 혹이 생긴다.

틈이 있도록 감는다.　나무와 틈이 없이 너무 꽉 조이게 감으면 잘 휘어지지 않고 철사가 수피 속으로 쉽게 파고들어 흉터가 생긴다. 또 너무 느슨하게 감으면 철사걸이의 효과가 없으므로 철사를 휘어서 나무에 붙여 놓는 듯한 기분으로 곧 종이 한 장의 간격으로 감는다.

좌우감기　틀어서 휠 때, 오른쪽으로 휠 때는 오른쪽으로 감고, 왼쪽으로 휠 때는 왼쪽으로 감는다.

작업의 분리　철사걸이는 줄기나 가지의 굵기에 따라 여러 단계로 나누어서 감아 나가야 하며 철사의 굵기도 다르게 해야 효과적이고 보기에도 좋다. 1 단계는 줄기에, 2 단계는 주지에, 3 단계는 잔가지에 철사걸이를 한다.

줄기의 철사걸이　줄기의 뒷면에 철사를 분바닥에 닿을 정도로 깊숙히 꽂은 다음 45도로 감아 올라간다.

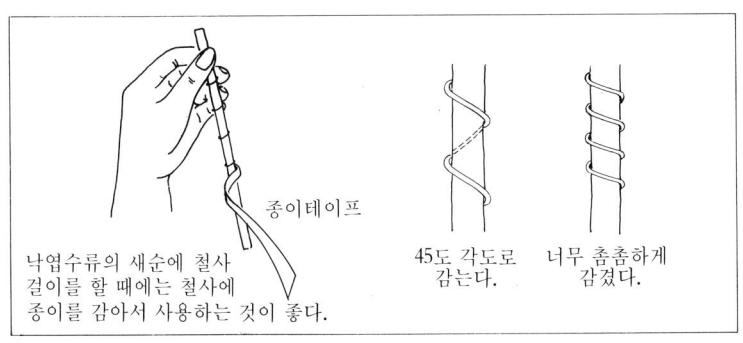

종이테이프

낙엽수류의 새순에 철사걸이를 할 때에는 철사에 종이를 감아서 사용하는 것이 좋다.

45도 각도로 감는다.

너무 촘촘하게 감겼다.

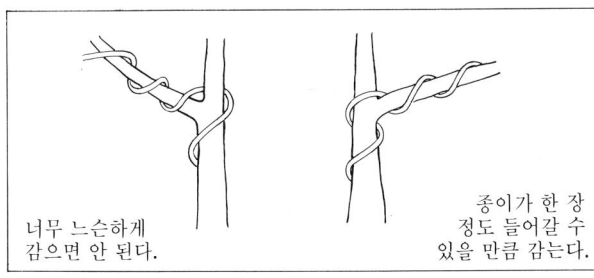

너무 느슨하게 감으면 안 된다.

종이가 한 장 정도 들어갈 수 있을 만큼 감는다.

주지의 철사걸이   줄기에서 주지로, 주지에서 줄기 위로, 주지에서 줄기를 한 바퀴 이상 감고 다른 주지로 감아 나간다.

잔가지의 철사걸이   잔가지는 보통 철사 한 개로 잔가지 두 개에 철사걸이를 한다.

철사걸이의 여덟 가지 요소   첫째, 철사는 철사걸이를 해야할 길이의 1.5 배쯤이 필요하다. 둘째, 철사의 끝을 분 속에 비스듬히 분바닥의 벽까지 꽂는다. 셋째, 뿌리뻗음이 잘 보이도록 철사를 줄기의 뒷면에서 꽂는다. 넷째, 철사는 곡을 넣는 부위의 등에 가도록 해야 하며 한번에 곡(曲)을 넣도록 한다. 다섯째, 철사걸이는 굵은 것부터 시작해서 가는 것으로 걸어 나간다. 여섯째, 철사 한 개로 가지 두 개에 건다. 일곱째, 다 감고 난 뒤에 철사 끝을 가위 집게로 둥글게 마무리한다. 여덟째, 철사걸이를 한 가지의 끝은 위로 향하도록 한다. 가지의 끝이 아래로 향하면 일조가 나빠 수세가 약해지기 때문이다.

철사걸이의 시기

송백류   줄기나 가지에 상당히 탄력이 있기 때문에 굵은 가지도 철사걸이로 교정이 가능하다. 특히 섬잣나무, 가문비나무 들은 철사걸이가 아주 쉽다. 소나무류는 11월부터 다음해 3월까지가 적기인데 서울 지방은 3월이 가장 안전하다. 진백, 노간주나무, 삼나무, 주목, 솔송나무 들은 한 해 내내 가능하지만 생장이 왕성한 봄보다는 7월 이후와 다음 해 3월이 좋다.

상록활엽수와 낙엽수   목질부가 견고하고 쉽게 굵어지므로 주로 새로 자라 나오는 가지에 철사걸이를 하며 송백류와 같이 무리하게 곡을 넣는 것은 어렵다. 또 자칫 잘못하면 수피에 상처가 생기고 이 상처가 반영구적으로 남기 때문에 오히려 좋지 못한 결과도 발생한다. 6,7월에는 새 가지가 아직 굳어진 상태가 아니므로 쉽게 교정할 수 있다. 철사가 수피에 파고들기 쉬우므로 한 달쯤만 걸고 다시 풀어 준다. 8,9월에는 새 가지가 어느 정도 성숙해 있으므로 효과가 좋은 시기이다. 이 때에는 두세 달쯤 걸어 놓는다. 10월에는 다음해 봄까지 걸어 놓을 수 있지만 무리하면 눈이 고르게 나오지 않는 수가 있다.

철사를 다 감은 뒤에는 마무리를 잘 한다.

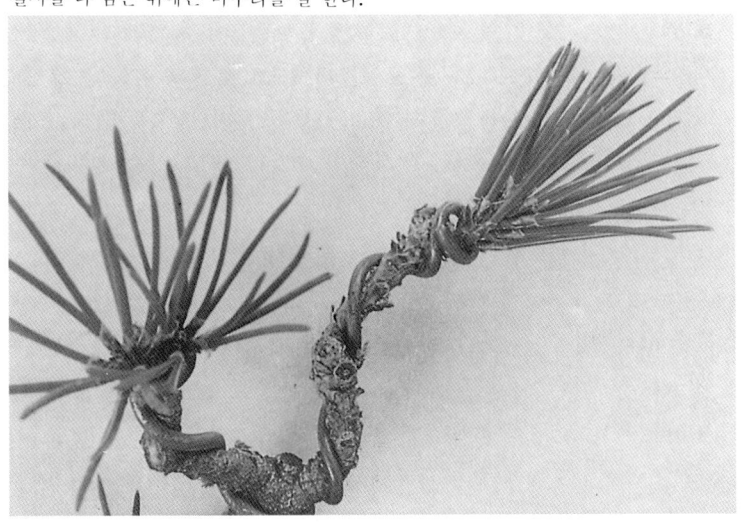

철사를 푸는 시기와 요령

어떠한 경우라도 철사가 수피에 파고들기 전에 풀어 주어야 한다. 교정이 안 되어 처음 상태로 돌아가면 다시 철사걸이를 해 준다. 철사를 풀 때에는 철사가위로 토막토막 잘라낸다. 손으로 철사를 풀면 수피가 상하기 쉽고 가지를 부러뜨리기도 한다.

관수

식물을 재배하는데 물주기는 중요한 작업 가운데 하나이며 게을리해서는 안 되는 필수적인 작업이다. 특히 분재는 얕은 용기에 배수가 잘 되는 굵은 용토로 심기 때문에 물주기에 크게 신경을 써야 한다.

물주기는 가장 손쉬운 작업으로 생각하는데 실제로 올바른 물주기란 쉬운 일이 아니다. 원예계에서 흔히 쓰는 말로 '물주기 삼 년'이란 말이 있다. 수종에 따라, 재배 장소에 따라, 분의 종류에 따라, 주위 환경에 따라, 용토의 종류에 따라 그리고 분에 심은 식물의 상태에 따라 물주기가 달라지기 때문이다.

분 안의 수분 이동

분갈이를 갓 했을 때에는 관수를 하면 수분이 분토 전체에 고루 스며들지만 시간이 지날수록 분의 중심으로는 수분이 잘 스며들지 않으며 한 해쯤 지나면 분의 가장자리로 침투하게 된다.

수분은 용토와 분의 안벽 사이를 통로로 해서 배수구멍으로 여분의 수분이 나가고 다음에 신선한 공기가 들어온다.

그러므로 물주기를 할 때에는 한 번에 그치지 말고 한 번 더 주어 분토 전체에 수분이 고루 스며들도록 해야 한다.

또 분바닥 측면과 분의 안벽에 흡수근이 가장 많이 발달하고 있으며 분의 중심에는 흡수근이 많지 않다.

수분의 흡수 부위

식물에서 뿌리의 역할은 토양 중에 뿌리를 뻗어서 지상부를 지지하고 또 식물의 생장에 절대 필요한 수분과 양분을 흡수하는 것이다. 그런데 뿌리 중에서도 수분을 최대로 흡수하는 뿌리는 직경이 2 밀리미터 이하인 세근(細根)이다. 이 세근 끝의 백근 부위는 뿌리의 활력이 가장 커서 흡수력도 크며 뿌리털도 잘 발달되어 있다. 뿌리털은 표면적이 넓고 아주 얇아 수분 흡수 작용에 큰 역할을 한다. 뿌리털은 토양의 통기와 습도가 양호한 곳에서 잘 자라고 통기성이 나쁘고 습기가 많을 때에는 성장이 제한된다.

관수의 횟수

수종 및 생육 단계, 환경에 따라 분의 건조도가 달라지므로 단순히 하루에 한 번씩 물주기를 해서는 합리적인 물주기가 될 수 없다.

식물의 종류　　큰 잎을 많이 달고 있는 식물은 잎에서의 수분 증발이 많으므로 수분을 많이 요구하게 되고 그에 따라 분이 빨리 건조된다.

또 식물의 자생지(自生地) 곧 산의 북쪽에 자라느냐 남쪽에 자라느냐에 따라 수분의 소비량이 달라진다.

토양 수분에 대한 수종별 적응성

습한 것에 견디는 것	팽나무, 버드나무류, 위성류
건조에 약한 것	사쓰기 철쭉, 낙상홍, 너도밤나무, 자귀나무, 삼나무, 편백나무
건조에도 강하고 비교적 저항력이 있는 것	해송, 소나무, 가문비나무, 매화, 피라칸사, 진백, 노간주나무

수종별 수분 요구도

	관수 적게	관수 보통	관수 많이
송백류	섬잣나무, 진백	해송, 소나무, 노간주나무, 가문비나무	삼나무, 주목, 편백
상엽류		단풍나무류, 애기노각나무, 은행나무	버드나무, 담쟁이 덩굴, 참느릅나무, 소사나무, 느티나무, 팽나무, 너도밤나무
상과류	감나무	피라칸사	으름덩굴, 멀꿀, 낙상홍, 애기사과, 홍자단, 석류나무, 보리수나무
상화류		매화, 해당, 치나자무, 동백, 개나리	벚꽃나무, 영춘화, 명자나무, 목백일홍, 마쥐목, 자귀나무, 사쓰끼 철쭉

식물의 생육 상태　　식물이 수분을 가장 많이 요구하는 시기는 새순과 새잎이 한창 나와서 자라는 5월에서 6월쯤이다. 그 다음은 개화기에서 열매가 맺고 열매가 커지는 시기이다. 가을이 되면서 점점 수분을 적게 흡수하고 겨울에는 훨씬 더 적어진다. 관수에서 주의할 것은 겨울 관수인데 낙엽이 지고 겨울잠을 자기는 하지만 생존하는 데 필요한 소량의 물은 흡수하므로 분토가 건조하면 관수를 해야 한다.

환경　　기온이 높아지면 잎에서의 수분 증발이 격심해지므로 분의 건조가 빠르다. 바람이 불어도 분이 빨리 건조된다. 특히 가을의 건조한 계절풍은 의외로 분을 잘 마르게 하므로 관수에 신경을 써야 할 것이다. 한여름에는 단풍나무류, 애기사과류, 명자나무류, 애기노각나무 들이 수분 부족 상태가 되기 쉬우므로 관수에 주의를 기울여야 한다.

관수 요령

수질(水質)　관수에서 수질도 중요한 몫을 한다. 물의 성질이 생장에 영향을 미치기 때문이다.

물은 경수(硬水)와 연수(軟水)로 나뉘는데 식물에는 연수가 좋으며, 그 대표적인 것이 빗물이다. 그러나 관수하는 물의 대부분은 수도물이다. 수도물에는 염소가 들어 있기 때문에 하루쯤 재워 두었다가 사용하는데 꼭 이렇게 할 필요는 없다. 수도물에는 염소가 인체에 영향을 주지 않을 만큼 들어 있으므로 식물에도 해가 되지 않는다.

관수량　관수는 분의 배수구멍에서 물이 흘러 나올 때까지 충분히 해야 한다. 그래서 수분을 흡수하는 뿌리가 있는 분바닥까지 물이 스며들어야 한다. 물을 조금씩 여러 번 주면 분토의 상층부에만 수분이 스며들고 바닥의 뿌리는 건조하게 되어 심하면 말라 죽는다.

그리고 배수구멍에서 물이 나올 때까지 주더라도 물은 분 안의 특정한 통로 곧 분의 가장자리를 통해 급속히 흘러 내리므로 분갈이를 오래 전에 한 분은 반드시 얼마 뒤에 잎을 씻어 주면서 한두 번 더 관수를 한다.

계절별 관수　봄(3월에서 5월)에는 식물이 활동을 시작하므로 물의 요구도 점차 많아진다. 4월이 지나면 한창 새순이 나오기 시작하고 바람이 자주 불기 때문에 분이 쉽게 건조해진다. 보통 하루에 한 번쯤 관수를 한다. 꽃이 피는 상화, 상과분재는 관수 때에 꽃에 물이 가지 않도록 하고 비도 맞지 않도록 관리해야 한다.

여름(6월에서 8월)에는 기온이 올라가면서 잎에서의 수분 증산이 늘어나고 분이 빠르게 마른다. 하루 두세 번쯤 물을 주어야 하며 특히 소품분재는 분이 쉽게 건조하므로 주의를 기울여야 한다. 그리고

단풍나무류, 낙상홍, 목백일홍, 너도밤나무, 애기노각나무, 명자나무, 해당, 산사나무 들은 잎 끝이 잘 타므로 조심해야 한다.

장마 때 물이 고여 있는 분은 과습하기 쉬우므로 분의 한쪽을 받침대로 받쳐 기울게 해 둔다.

가을(9월에서 10월)에는 기온이 점점 내려가고 낙엽이 져서 수분의 흡수량이 줄어든다. 분토의 건조에 따라 관수를 하는데 대략 하루에 한 번쯤이면 적당하다.

겨울(11월에서 2월)은 식물이 겨울잠을 자는 시기이지만 생존을 위해 적은 양의 수분을 흡수하므로 분의 표면이 거의 하얗게 마르면 관수한다.

관수 시각　　지금까지의 경험과 여러 가지 과학적인 근거로 보아 관수는 이른 아침에 하는 것이 좋다. 오후 늦게 또는 밤에 관수를 하면 식물이 수분을 흡수하지 않으므로 물이 오랫동안 분 속에 머물러 있어 뿌리의 활동에 나쁜 영향을 주게 된다.

겨울에는 오전 10시쯤에 관수를 하여 여분의 물이 분 속에 남아 있지 않도록 하고 오후에는 관수를 삼가한다. 특히 서울과 같은 추운 지방에서 과습한 상태로 밤을 지내면 새벽에 기온이 크게 내려가 줄기의 밑둥이 얼어 터지는 경우가 있다.

관수 요령　　물줄기가 가늘고 부드러운 물뿌리개나 호스에 연결한 노즐을 이용하여 분토의 표면 가깝게 물주기를 한다. 분이 작을 때에는 앞에서만 관수를 해도 분토 전체에 물이 가지만 분이 클 때에는 뒤쪽에 물이 잘 가지 못하므로 앞뒤에 골고루 관수를 해 주어야 한다.

또 노즐을 이용하는 경우 6월이 되면서부터 한낮에는 호스 안의 물이 뜨거워져 있으므로 반드시 뜨거운 물을 빼낸 뒤에 관수를 하도록 한다.

분갈이를 오랫동안 하지 않은 분은 분토 전체에 수분이 고루 스며들지 못하므로 여름에는 한두 번쯤 분째 물 속에 담가 놓아 완전한 관수를 해 주어야 한다.

관수를 할 때에 특히 유의할 점은 분에만 물을 주지 말고 잎에도 뿌려 잎을 흔들면서 깨끗이 씻어 주어야 하는 것이다.

엽수의 효과　　잎에 물을 뿌려 주는 작업을 엽수라고 한다. 분갈이를 갓 한 나무나 수세가 나쁜 나무, 산채목 등에서 효과를 얻을 수 있다. 특히 송백류, 사쓰기철쭉 들은 엽수가 매우 효과적이다.

엽수를 하면 식물이 잎에서도 수분을 흡수할 수 있으며, 한여름에는 잎의 온도를 낮출 수 있고, 잎에서의 증산을 억제할 수 있다. 또 고온 건조할 때 잘 발생하는 응애를 예방할 수 있고 이슬이 내리지 않는 곳에 있는 식물에게 밤이슬을 대신할 수 있다. 엽수를 할 때에는 잎의 표면뿐만 아니라 잎의 뒷면에도 뿌려야 그 효과가 크다.

일부 원예책에는 잎에 물을 주면 잎에 묻어 있는 물방울이 렌즈 역할을 해서 잎이 타는 엽소 현상이 일어난다고 적혀 있는데 이것은 근거가 없는 이야기이다. 물방울이 렌즈 역할을 할 때에 초점거리를 생각해 보면 엽소 현상은 성립되지 않는다.

엽소 현상은 수분 부족, 분토의 이상 고온에 따른 뿌리의 흡수 기능 장애, 과다한 비료로 인한 농도 장애, 수분이 부족한데 잎에만 엽수를 했을 때에 발생한다.

비료 주기

식물이 생리 활동을 하려면 전분과 단백질이 필요하다. 단백질은 잎에서 만든 전분과 뿌리에서 흡수한 질소가 결합하여 만들어진다. 그 과정을 자세히 살펴보면 전분이 질소와 그대로 결합하는 것이 아니고 칼리의 중개로 포도당과 같은 당류로 변한 다음 질소와 결합하여 단백질이 된다. 그런데 단백질이 되는 과정에서 인산이라고 하는 윤활유가 없으면 안 된다.

이와같이 뿌리에서 흡수하는 비료 성분은 식물의 생리 활동에 중요한 역할을 하는데 특히 질소, 인산, 칼리는 다른 여러 가지 성분보다 훨씬 더 많이 필요하다.

분재에서 아름다운 수형을 가꾸기 위한 순치기, 가지치기, 잎따기, 잎솎기, 분갈이 들과 같은 작업에 잘 견뎌내기 위해서는 부족되기 쉬운 질소, 인산, 칼리를 많이 보급해 주어야 할 것이다.

비료의 작용

질소　　질소는 단백질의 주성분이며 가지와 잎을 크게 자라게 하는 역할을 한다. 그래서 엽비(葉肥)라고도 한다. 질소는 식물의 생육 초기 곧 새순과 잎이 한창 자랄 때에 부족해서는 안 되며 특히 분재에서는 송백류와 상엽분재에 꼭 필요한 성분이다. 그러나 너무 많이 주면 질소 과다로 꽃눈 형성이 제대로 되지 못하고 꽃이 피는 것이 늦어지며 꽃색도 엷게 되고 열매를 잘 맺지 못한다. 또 식물의 성숙이 늦어지며 웃자라고 병해충에 약해진다.

인산　　인산은 흔히 '꽃비료', '열매비료'라고 부른다. 이것은 인산이 꽃의 색과 질에 관계가 있으며 생식 생장을 좋게 하기 때문이다. 실제로 인산이 부족하면 꽃눈 형성이 안 되어 꽃이 잘 피지 않고 성숙기가 늦어지며, 병해에도 걸리기 쉽다.

그런데 인산은 질소나 칼리와는 달리 토양입자나 토양 속의 다른 원소들과 쉽게 결합하기 때문에 식물이 이용하기 어려운 성질을 가지고 있다. 또 인산은 뿌리에서 흡수하는데 많은 힘이 들므로 뿌리에 힘이 없으면 흡수되지 않는다. 어린 뿌리는 힘이 왕성하므로 인산의 흡수는 새로운 뿌리의 끝 부분에서 잘 이루어진다.

그러므로 인산을 효과있게 얻기 위해서는 어릴 때부터 뿌리 배양을 잘 해야 하며 식물에게 필요한 양보다 더 여유있게 주어야 한다. 인산은 흡수량에 한계가 있으며 여분이 있어도 식물에 나쁜 영향을 주지 않고 오히려 좋은 효과를 나타낸다.

칼리　　칼리는 식물체 안에서 일어나는 여러 가지 생리 작용이 순조롭게 진행되는 데 없어서는 안 되는 중요한 성분이다. 또 새뿌리의 발육을 돕고 뿌리뻗음을 좋게 한다. 따라서 새뿌리가 발달하지 않으면 안 될 생육 초기에 가장 필요한 비료 성분이다. 예부터 묘를 기르는 묘상과 이식을 할 때에 양질의 칼리 비료인 재거름을 주는 것도 새뿌리의 발육을 좋게 하기 위해서였다.

칼리는 또한 추위와 더위 같은 외부의 불리한 환경에 대한 저항력을 길러 준다.

이와같이 칼리는 식물이 살아나가는 데에 중요한 역할을 하고 있으므로 늘 부족하지 않도록 한다. 다행히 토양에 시비한 칼리는 뿌리에 잘 흡수되며 여분이 있어도 식물의 건강을 해칠 염려가 없다.

비료의 종류

비료에는 깻묵, 계분과 같은 유기질 비료와 화학 비료인 무기질 비료가 있는데 분재에는 유기질 비료를 사용하는 것이 효과적이다. 유기질 비료에는 덩이거름, 깻묵액비, 골분 들이 있으며 무기질 비료에는 마감프 K, 나르겐, 하이포넥스, 비왕, 북살, 캄프샬 들이 있다.

덩이거름 만드는 방법　　덩이거름은 유채박, 참깨와 들깨의 깻묵, 골분, 쌀겨 들로 만든다. 수종에 따라 원료가 다른데 상화, 상과분재는 깻묵에 골분 20 퍼센트, 쌀겨 10 퍼센트를 혼합하고 송백류, 상엽분재는 깻묵에 쌀겨만 20 퍼센트쯤 혼합해서 만든다. 송백분재와 상엽분재에 골분을 섞은 덩이거름을 사용하면 가지가 굵어지고 잔가지가 거칠어지므로 좋지 않다.

깻묵가루, 쌀겨를 용기에 넣고 물로 끈기가 있게 반죽한 다음 온도가 높고 바람이 없는 곳에서 발효시킨다. 대략 열흘에서 보름쯤이면 표면에 흰곰팡이가 생기는데 이것을 하나씩 둥글게 뭉쳐서 만든다. 처음 열흘 동안은 반드시 바람이 잘 부는 그늘에서 말려야 한다. 햇볕에서 말리면 급속히 말라 수축되므로 균열이 생겨 좋지 않다. 그 뒤로 2,30 일 동안은 강한 햇볕에서 단단하게 말리는데 밤에는 이슬을 맞지 않도록 한다. 이것을 습기가 없는 곳에 보관하였다가 사용하도록 한다.

액비 만들기　뚜껑이 있는 용기에 깻묵가루를 넣고 물을 열 배 넣어 만든다. 여름에는 한 달쯤 지나면 쓸 수 있고, 겨울에는 세 달쯤 지나야 쓸 수 있다. 봄, 여름에 만들면 악취가 심하게 나므로 11월에 만들었다가 다음 해 봄에 사용하는 것이 좋고 한 해쯤 묵혀서 사용하면 냄새가 거의 나지 않는다.

시비 시기　분재는 덩이거름을 주로 사용하므로 기온이 하루 평균 섭씨 10도쯤 되면 주기 시작한다. 대략 남부 지방은 2월 중순, 중부 지방은 2월 하순에서 3월 초순에 첫 시비를 시작한다. 한여름에는 고온으로 식물의 생장이 일시적으로 멈추므로 7월 하순에서 8월 중순까지는 덩이거름을 걷어 냈다가 그 뒤로 다시 주기 시작한다. 가을에 기온이 떨어지면서부터 비료가 잘 분해되지 않으므로 섭씨 10도 밑으로 내려가면 전부 걷어 낸다.

그리고 분올림이나 분갈이를 한 분은 한 달쯤, 잎따기를 한 분수 (盆樹)는 새 잎이 나올 때까지 시비를 하지 않는다.

시비 방법　덩이거름은 분 표면의 10 평방센티미터에 덩이거름 한 개를 기준으로 해서 분의 가장자리에 파묻지 않고 그대로 올려 놓는 다. 3,40 일쯤 지나면 덩이거름이 부서지기 시작하는데 부서지기 전 에 새 것으로 바꿔 주어야 한다. 부서진 가루가 분 속으로 들어가면 재발효를 하게 되고 그 때 발생하는 열과 유해 가스로 뿌리가 상하기 때문이다.

액비는 완숙된 거름이며 효과가 빨리 나타난다. 한 달에 두 번쯤 덩이거름과 함께 사용한다. 제조한 용기에서 액비를 떠낼 때에는 윗 부분의 맑은 물만 조심스럽게 떠내어 다시 20 배로 희석해서 사용한 다. 밑에 가라앉아 있는 찌꺼기가 섞인 것을 사용하면 찌꺼기가 분 속에 들어가서 뿌리에 피해를 주게 된다.

액비는 분토에 습기가 있으면 골고루 스며들므로 물주기를 하고 한 시간쯤 지난 뒤에 주도록 한다.

분올림이나 분갈이를 한 나무, 뿌리의 상태가 나쁜 나무, 순치기 를 한 해송의 잎에 액비를 살포하면 좋은 효과를 얻을 수 있다. 시중 에서 판매하는 하이포넥스, 나르겐, 캄프샬, 북살, 비왕 따위를 일 주일에 한 번 살포한다. 특히 진백에 나르겐을 엽면 시비하면 나무의 생육도 좋아지고 응애의 발생도 예방할 수 있다.

골분은 아주 좋은 인산질 비료인데 분갈이나 분올림을 할 때 분 속 에 넣어 주면 효과적이다. 쇠뼈나 닭뼈를 잘 쪄서 기름기를 완전히 없앤 뒤에 콩알 크기로 빻아서 가루는 없애고 사용한다. 상화, 상과 분재는 분갈이와 분올림 때에 굵은 분토를 넣고 그 위에 중간 분토를 살짝 깐 다음 분 가장자리에 골분을 넣고 심는다. 골분은 많이 넣어 주는 것이 좋으며 과다 장해는 일어나지 않는다.

병충해

분재는 관상이 목적이기 때문에 정성을 들여 잘 가꾼 분재에 병충해가 발생하면 보기 흉할 뿐만 아니라 나무의 생장에 치명적인 영향을 미친다. 따라서 분재에서 병충해를 방지하는 것은 매우 중요한 일이다.

이러한 피해를 미리 예방하려면 새잎이 돋아나기 전인 이른 봄과 가을에 월동을 위해 집안이나 온실에 들여 놓기 전에 '석회유황합제'를 스무 배로 희석하여 살포해 준다.

병충해가 생길 수 있는 원인은 여러 가지가 있다. 분이 놓인 장소에 햇빛이 부족할 때, 통풍이 나쁘거나 고온 건조하고 다습할 때, 비료를 너무 많이 주었을 때, 관리가 소홀했을 때 병충해가 발생한다.

그러므로 평소에 관수할 때나 손질할 때 잘 관찰해야 하며 이상이 발생하면 원인을 조사해서 그 병충해에 맞는 정확한 약제를 선택하고 설명서에 적힌 비율로 희석하여 살포 구제한다.

중요한 병해

흰가루병　　주로 잎에 발생하는데 심하면 새순, 어린가지, 꽃봉오리에도 나타난다. 마치 흰가루를 뿌려 놓은 듯하며 당단풍, 참단풍, 목백일홍, 구기자나무 들에서 잘 발생한다.

식물에 치명적인 피해는 주지 않지만 보기 흉하고 새순과 가지가 구부러지거나 비틀려 기형이 되기도 한다. 이른 봄과 가을에 잘 발생하며 특히 습도가 높고 통풍과 일조(日照)가 나쁘면 걸리기 쉽다. 방제법은 병에 걸린 낙엽은 태우고 봄, 가을에 두 번 톱신엠이나 벤레이트를 살포한다.

적성병　　모과나무, 애기사과류, 해당류, 배나무의 잎에 잘 발생하는데 심하면 열매에까지 생긴다. 처음에는 등황색 점이 잎의 표면에 나타나고 잎 뒷면에는 반점이 점점 커져 뿔같이 튀어나온다. 바리톤 분제 천 배 액을 두세 번 살포해 주면 방제가 가능하다.

그을음병 그을음병에 걸리면 잎의 표면에 그을음과 같은 가루가 생기는데 무척 보기 흉하다. 이 병은 진딧물이나 깍지벌레의 발생이 심하면 이들이 분비한 폐액당분으로 곰팡이가 생겨 덩달아 나타난다.

가장 좋은 방제법은 깍지벌레와 진딧물을 먼저 구제해야 하며 석회유황합제 30 배 액이나 다이센을 살포하여 방제한다. 주로 목백일홍, 치자나무, 명자나무, 당단풍, 모과나무, 해당류, 애기사과 들에 잘 발생한다.

뿌리혹병(근두암종병) 명자나무와 애기사과류에 잘 발생하는데 명자나무가 특히 심하다. 이 병에 걸리면 뿌리와 뿌리 가까이에 있는 줄기에 혹이 생기고 수세가 약해지며 심하면 고사하기도 한다.

방제법은 우선 혹을 떼내고 석회유황합제 2 배 내지 5 배 액을 발라 준다. 이 병은 기온이 높을 때에 잘 발생하므로 분올림, 분갈이, 이식 작업을 봄에 하지 말고 반드시 가을에 하도록 한다.

중요한 충해

진딧물 거의 모든 식물에 발생하며 새순이나 잎의 뒷면에 붙어 수액을 흡수, 피해를 준다. 또 바이러스(virus)병도 전염시키고 그을음병도 유발한다.

진딧물은 대량으로 발생하여 피해를 주므로 봄부터 가을까지 물주기를 할 때 잘 관찰하여 발생 초기에 약을 살포해야 한다. 메타시스톡스, 다이지스톤 같은 약제가 있으며 파리약처럼 분무기로 뿌릴 수 있어 사용하기에 편리하다. 이 분무식 약제를 사용할 때에는 잘 흔든 뒤에 나무와 적어도 40 센티미터쯤 떨어져서 뿌려야 한다.

깍지벌레(개각충)　　통풍이 안 되면 잘 발생하는 해충이며, 성충이 되면 전신을 조개껍질과 같은 납물질로 덮고 있으므로 구제가 쉽지 않다. 그러므로 침투성 농약인 수프라사이드를 사용해야 하며 심하지 않을 때에는 헌 칫솔로 긁어 내는 것이 좋다.

　매화나무, 명자나무, 애기사과류, 당단풍에 특히 잘 생기고 소나무류에는 새순의 잎 사이에 솜털처럼 생긴 것이 발생한다.

응애　　모든 식물에 늦은 봄부터 가을 사이의 고온 건조기에 발생한다. 잎 뒤에 붙어 수액을 흡수하므로 녹색이던 나뭇잎이 먼지가 뿌옇게 앉은 것처럼 바랜다. 특히 향나무류에 잘 발생하며 눈에 보이지 않을 만큼 작기 때문에 피해를 입은 뒤에야 알 수 있으므로 평소에 관리를 잘 해야 한다. 일단 잎이 빛깔이 좋지 않고 생기가 없으면 의심을 해 보아야 한다. 나뭇잎 아래에 흰 종이를 대고 잎을 털면 가루 같은 것이 떨어지는데 조금 지나서 움직이면 이것이 응애이다.

　잎에 엽수를 자주 해 주면 예방이 가능하며 켈센, 마이캇트, 트리치온 같은 약제가 있다. 약을 바꿔 가면서 사용하는 것이 좋고 삼사일 간격으로 두세 번 살포해야 완전히 구제할 수 있다.

하늘소　　나무의 수피 속으로 파고들어가 형성층을 파 먹는다. 수액(樹液)의 이동이 안 되고 심하면 말라 죽는다. 주로 완성목에 잘 발생하므로 분을 늘 청결하게 하고 관찰하여 톱밥 같은 것이 발견되면 하늘소가 침입한 것이므로 찾아 내어 죽이거나 침입한 구멍에 살충제를 뿌리고 껌이나 유합제로 구멍을 막으면 구제된다. 향나무류와 매화나무에 심하게 발생한다.

배양 장소

분재를 가꾸면서 수형 만들기와 시비에는 신경을 많이 쓰지만 실제로 가장 중요한 배양 장소에 대해서는 무시하는 경향이 있다.

분재를 잘 배양하기 위해서는 다른 어떤 배양 관리보다 먼저 배양 장소를 잘 선택해야 하고 배양 장소를 결정하는데 중요한 역할을 하는 식물에 대한 정확한 지식이 필요하다. 그리고 집의 배양 장소를 잘 연구하여 그에 맞는 수종을 선택해야 한다.

배양 장소의 조건

분재의 배양 장소를 결정하는데 중요한 제한 요소로는 일조(日照), 통풍(通風), 공중습도(空中濕度), 온도(溫度)가 있다.

일조　식물이 생장하는데 꼭 필요한 생명 활동인 광합성(光合成)은 햇빛 아래에서 진행되므로 식물이 자라는 장소에는 어디나 정도의 차이는 있지만 햇빛이 필요하다. 수목의 종류에 따라 필요한 햇빛의 양이 다른데 강한 광선에서 잘 자라는 양수(陽樹), 음지에서도 잘 견디며 자라는 음수(陰樹), 그 중간인 중용수(中庸樹)가 있다.

양수, 음수, 중용수

양수 ,	해송,소나무,금송,·진백,노간주나무,측백,느티나무,너도밤나무,검양옻나무, 은행나무, 자귀나무, 목백일홍, 풍년화, 애기사과, 산사나무, 매화나무, 화살나무, 벚나무, 잎갈나무, 감나무
음수	주목, 꽝꽝나무, 백량금, 자금우, 멀꿀나무, 남오미자, 동백나무, 늦동백나무, 으름덩굴, 치자나무, 마취목, 만병초
중용수	홍자단, 영춘화, 산수유, 낙상홍, 명자나무, 등나무, 단정화, 좀솔송, 소사나무, 당단풍, 단풍나무류, 철쭉류, 팽나무, 고부시 매자나무, 위성류 편백나무, 화백나무, 삼나무, 참느릅나무, 서나무, 가문비나무, 섬잣나무

양수에 속하는 해송은 동지에는 하루에 다섯 시간 이상, 하지에는 열두 시간 이상 햇빛을 받아야 잘 자란다. 따라서 저마다 가지고 있는 환경에 맞게 수종을 선택하는 것이 중요하다.

통풍과 공중 습도 식물의 잎에서는 수분이 계속 달아나는데 이를 증산 작용이라고 한다. 이 증산 작용이 적당히 이루어져야 식물의 신진 대사가 좋아지고 정상적인 발육이 가능해진다.

증산 작용은 일조에 따른 기온의 상승과 통풍으로 촉진되기 때문에 배양 장소는 통풍이 좋아야 한다. 통풍이 나쁘면 잎과 새순 가까이에 습도가 너무 높아 병해에 걸리기 쉽다.

그런데 건조한 바람이 불면 공중 습도가 떨어지고 잎에서 수분 증산이 심해지므로 상록성의 사쓰기철쭉류에는 좋지 않다. 더우기 응애가 발생할 수도 있다.

좋은 배양 장소

가장 이상적인 배양 장소는 본디 그 식물이 살던 자생지와 같은 환경인데 이러한 배양 장소를 갖추기는 어려운 일이므로 그와 비슷한 곳을 갖추어야 한다. 그렇지 않으면 배양 장소에 맞는 수종을 선택할 수도 있다.

배양 장소의 조건으로는 일조와 통풍이 좋은 곳, 배양 관리가 편리한 곳, 관상도 겸할 수 있는 곳이 좋다. 배양 장소 가운데 정원과 옥상과 베란다에 대해 알아본다.

정원 일조만 충분하면 좋은 배양 장소이다. 주위의 정원수와 자연스럽게 어울릴 수 있고 그늘과 바람, 공중 습도가 적당하며 관상하기에도 좋다. 그러나 정원수 때문에 병충해가 많이 발생하므로 주의해야 한다.

옥상　공간을 효과적으로 활용할 수 있으며 일조가 충분해 양수의 재배에 알맞다. 그러나 옥상은 대부분 시멘트를 발라 놓았기 때문에 한여름에 복사열이 강해 식물에 나쁜 영향을 줄 수 있으므로 내서성(耐暑性)이 강한 수종을 선택해야 한다. 또 바람이 강하고 건조한 것도 문제가 된다. 특히 사쓰기철쭉과 너도밤나무에는 맞지 않는다. 바닥에 바로 분을 놓지 말고 진열대를 설치하는 것이 좋다.

베란다　정원이나 옥상보다 실내에 가까우므로 미관상 좋은 곳이지만 나쁜 일조, 강풍, 건조, 고온과 같은 부적당한 환경이 될 수 있으므로 무엇보다도 수종의 선택이 중요하다. 일조가 강하면 반드시 진열대를 준비해야 한다.

진열대

분재는 아름다움을 추구하는 것이기 때문에 가장 돋보일 수 있는 높이에 두고 배양 관리와 관상을 해야 한다. 아무리 잘 가꾼 분수(盆樹)라도 바닥에 두면 관상하기에 좋지 않을 뿐더러 빗물이나 관수로 분이 더러워지며 통풍이 나빠 분수에 나쁜 영향을 주게 된다.

그래서 분재는 진열대가 필요하며 그 위에서 배양해야 한다. 보통 높이가 70 센티미터쯤에 폭이 30 센티미터인 것을 세 개 나란히 놓아 전체의 폭이 1 미터쯤 되게 하는 것이 적합하다.

한여름의 관리

한여름의 강한 직사광선은 분수에 여러 가지 피해를 주므로 차광망을 이용하여 보호해 주는 것이 좋다. 특히 삼나무, 단풍나무류, 당단풍, 너도밤나무, 애기노각나무, 목백일홍, 낙상홍, 금로매 들은 오후의 햇빛을 가려 주거나 그늘이 지는 곳에 둔다. 너도밤나무와 금로매는 본디 서늘한 기후에서 자라는 식물이기 때문에 한여름에 분 속에 수분이 충분히 있어도 분의 온도가 너무 높게 올라가면 뿌리에 흡수 장애가 생겨 잎이 타게 되므로 시원하게 해 주어야 한다.

방한 관리

분재는 얕은 분에 심기 때문에 내한력이 떨어지기 쉽고 특히 건조한 북서풍이 부는 우리나라에서는 영하 7도 밑으로 내려가면 방한이 필요하다.

그 가운데에서도 특별히 방한을 요하는 수종이 있다. 곧 치자나무, 석류나무, 차나무, 감귤류, 감나무, 사쯔기철쭉류 들이다. 이와 같이 따뜻한 곳이 원산지인 나무는 되도록이면 분이 얼지 않는 곳에 두는 것이 가장 좋다.

그리고 소품분재, 가을에 분올림과 분갈이를 한 나무, 취목한 나무 들도 잘 보호해야 한다.

중부 지방에서는 이중 비닐하우스 시설이 필요하며, 분이 몇 개 안 될 때에는 햇빛이 잘드는 실내에 둔다. 남부 지방은 분째로 땅에 묻고 그 위에 짚이나 왕겨를 덮어 보호하거나 비닐터널 혹은 비닐하우스에서 월동시킨다.

11월 중순 무렵부터 실내나 보호실에 들여 놓기 시작하는데 된서리를 두세 번쯤 맞히고 난 뒤에 방한을 해야 하며, 너무 일찍 들여 놓으면 꽃눈이 자라지 못하고 전부 잎눈으로 변해 버린다.

비닐하우스나 비닐터널에서 방한하는 경우에는 낮에 온도가 너무 높아지지 않도록 통풍을 잘 시켜 주어야 한다.

또 실내에 둘 때에는 너무 건조하지 않게 엽수를 자주 해 주어야 하며 난방 기구 가까이에 두어서는 안 된다.

그리고 보호실에 넣기 열흘 전에 상록수에는 석회유황합제를 30배, 낙엽수에는 20배를 희석하여 나무 전체에 골고루 뿌려 준다. 봄이 되어 다시 밖으로 내놓은 분재는 석회유황합제를 30배 희석하여 살포해 준다.

 월동을 잘 시키고 나서 봄에 실외로 내놓을 때 실패하는 경우가 많으므로 각별히 조심해야 한다. 아파트에서는 봄이 오기 전에 이미 꽃이 피고 새순이 나오는 경우가 많은데 완전히 해동할 때까지 실내에 두었다가 4월 중순 뒤로 비가 오거나 구름이 낀 날에 밖으로 내다 놓도록 한다.

분재용 도구

 아름다운 수형미를 창조하는 분재는 정확하고 섬세한 작업을 위해 여러 가지 도구가 필요하다. 분재를 하는데 기본적으로 필요한 도구는 다음과 같다.

 뿌리가위　집게 모양으로 생겼으며 주로 굵은 뿌리를 제거하거나 자를 때 사용한다.

 나무가위　꽃가위라고도 부르며 잔뿌리를 자를 때 사용한다.

 분재가위　정형, 정자 작업 때에 가장 많이 사용하는 가위로서 순치기, 가지치기, 잎따기에 주로 쓰인다.

 샅가지가위　가위의 날이 둥글게 되어 있어 가지를 제거하고 난 뒤에도 흉터가 별로 남지 않으므로 많이 사용하고 있다.

 철사가위　철사걸이를 할 때 사용하는 철사가위는 교정이 끝나고 나서 철사를 제거할 때에 편리하게 쓰인다.

 집게　철사를 고정시키거나 굵은 철사를 휠 때, 또 철사걸이의 마무리 작업에 쓰인다.

분재용 핀셋　　제초, 잎솎기, 순치기, 벌레잡기를 하는 데에 쓰인다.

회전대　　분재를 손질할 때 꼭 필요한 작업대이다. 밑에 회전이 가능한 바퀴가 달려 있어 분을 돌려 가면서 관찰할 수 있다.

물뿌리개　　물주기는 필수적인 작업이므로 물뿌리개 역시 기본적인 도구에 든다. 꼭지에 구멍이 많이 뚫려 물이 부드럽게 나오는 것을 구하도록 한다.

분무기　　약제 살포, 엽면 시비, 엽수를 할 때 필요한 도구이다.

그 밖에 분토를 치는 체, 대꼬챙이, 뿌리갈퀴, 솔, 고무망치, 흙손들이 있다.

분재의 진열과 감상

분재는 가꾸는 것 못지않게 진열과 감상이 중요하다. 잘 진열된 분재를 제대로 감상하려면 다음의 몇 가지를 알아 두는 것이 좋다.

진열
분재 진열에는 두 가지 경우가 있다.
첫째, 전시회에서 하는 진열이고 둘째, 손님을 초대하거나 집안을 장식할 때 하는 진열이다.

전시회의 진열은 실내에 분재를 두어도 손상이 적은 가을에서 봄 사이가 적당하고 나무가 돋보이도록 배경을 만들어 주는 것이 좋다. 광택과 무늬가 없는 연한 하늘색이나 회색 천이 배경 재료로 적당하다.

집안에서의 진열은 주위의 분위기와 잘 어울리도록 높이와 크기를 조절해야 하며 계절감이 나타나는 수종을 선택하는 것이 좋다.

진열 기간은 전시회의 경우 삼사 일이 적당하고 집안에서는 하루 이상 실내에 두어서는 안 된다. 너무 오랫동안 실내에 두면 광선 부족으로 나무가 웃자라게 되고 쇠약해지기 때문이다.

진열에는 한 개나 두 개를 진열하는 경우와 세 개 이상을 잘 조합해서 진열하는 방법이 있다. 세 개 이상의 진열은 전체의 조화와 변화가 중요하므로 삼각형의 구도로 진열한다. 곧 황금분할비에 따른 부등변 삼각형이 변화가 있고 원근감이 잘 나타나 가장 이상적인 구도이다.

감상

전시회에서나 다른 취미가의 배양장을 방문했을 때에는 바른 자세와 조용한 마음으로 감상해야 한다. 보통 나무 높이의 중간 지점에 사람의 눈 높이가 가는 것이 좋고 위에서 내려다보거나 밑에서 올려다보는 것은 좋지 않다. 또 나무를 함부로 돌려 보거나 가지나 잎, 열매를 만지는 것은 예의에 어긋나는 행동이며 특히 소품분재의 경우 들어서 보는 것은 삼가야 한다.

더욱이 작품을 감상하면서 흠을 잡거나 자기 생각대로 이 가지는 제거해야 한다든지 해서는 안 되며, 늘 겸손한 마음가짐을 가지고 감상해야 한다.

빛깔있는 책들 203-5

분재

글	—김세원
사진	—김세원
발행인	—장세우
발행처	—주식회사 대원사
편집	—오현주, 이재운, 박노언, 김인숙
미술	—김숙경, 유정숙, 이숙영
첫판 1쇄	—1989년 5월 15일 발행
첫판 7쇄	—2003년 1월 30일 발행

주식회사 대원사
우편번호/140-901
서울 용산구 후암동 358-17
전화번호/(02) 757-6717~9
팩시밀리/(02) 775-8043
등록번호/제 3-191호
http://www.daewonsa.co.kr

ⓦ 값 13,000원

Daewonsa Publishing Co., Ltd.
Printed in Korea(1989)

ISBN 89-369-0071-4 00480

빛깔있는 책들